侯东昱 屈国靖 ◎编著

裤子

裁剪与制作
从入门到精通

第2版

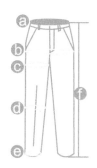

U0228823

KUZI CAIJIAN
YU ZHIZUO
CONG RUMEN
DAO JINGTONG

化学工业出版社

·北京·

《裤子裁剪与制作从入门到精通》(第2版)以女性人体的生理特征、服装的款式设计为基础,系统阐述了裤子的结构设计原理、变化规律、设计技巧,内容直观易学,有很强的系统性、实用性和可操作性。本书对裤子结构设计基本原理的讲解精准简明,并选取典型裤子款式深入浅出地将理论知识逐步解析透彻,同时选取典型裤子的缝制工艺详细讲解,能让读者举一反三地掌握裤子的裁剪与制作要领。全书内容设计非常符合服装爱好者的学习规律,本书第2版加入了20余款裤子的制作实例,裤子从经典到时尚的递进讲述,能让读者成为精通裤子裁剪与制作的达人。

本书图文并茂、通俗易懂,制图采用CorelDRAW软件,绘图清晰,标注准确,既可作为高等院校服装专业的教学用书,也可供服装企业裤子制板人员及服装制作爱好者进行学习和参考。

图书在版编目(CIP)数据

裤子裁剪与制作从入门到精通/侯东昱,屈国靖
编著. —2版. —北京:化学工业出版社,2018.1(2025.5 重印)
ISBN 978-7-122-31057-6

Ⅰ.①裤…　Ⅱ.①侯…②屈…　Ⅲ.①裤子-服装
量裁②裤子-服装缝制　Ⅳ.①TS941.714.2

中国版本图书馆CIP数据核字(2017)第288670号

责任编辑:李彦芳　　　　　　　　　　　　装帧设计:史利平
责任校对:边　涛

出版发行:化学工业出版社(北京市东城区青年湖南街13号　邮政编码100011)
印　　装:北京盛通数码印刷有限公司
889mm×1194mm　1/16　印张12³/₄　字数403千字　2025年5月北京第2版第7次印刷

购书咨询:010-64518888　　　　　　　　　售后服务:010-64518899
网　　址:http://www.cip.com.cn
凡购买本书,如有缺损质量问题,本社销售中心负责调换。

定　　价:49.80元　　　　　　　　　　　　　　　　版权所有　违者必究

怎样学习服装裁剪与服装缝纫更有效果呢？服装裁剪，一般指的是单件服装的量体裁衣，想自学服装设计首先要学习裁剪。只有懂一些服装基础知识，知道一件衣服由哪些部件组成，如何缝制在一起，然后再开始学设计，这样设计出来的服装才会兼顾美观性和实用性。对服装有兴趣爱好或者开服装店的朋友，如果想自学的话，多看书、多练习就一定能成为服装达人。

服装加工技术的日新月异，现代款式的千变万化，这些都来源于优秀的服装裁剪和缝制技术。因此，服装裁剪技术的发展是服装造型优美的灵魂和内在关键。本书主要针对女裤裁剪进行探讨和研究，对人体各个部位的结构特点、构成原理、构成细节、款式变化等方面，进行了系统且全面的解读和分析，具有较强的科学理论性、系统性以及实用性，使读者能够全面地理解和掌握女裤装结构设计的方法。

本书结合60余款经典流行裤子款式及结构制图，详细阐述了女装裤子设计方法及其变化规律和设计技巧。全书共六章，从裤子的发展演变、裤子搭配方法、裤子面料的选择等基本概念着手，由浅入深，循序渐进，内容通俗易懂。全书以中国女性人体特征为主，每个章节既有理论分析，又有实际应用。第2版的修订主要加入了20余款裤子的剪裁与制作，从经典款到风格各异的时尚款，能让读者成为精通裤子裁剪与制作的达人。丰富的款式造型，笔者结合自身多年的工厂实习经验，全方位的讲解，使读者能够快速掌握女裤制作的理论知识。

本书适宜从事服装行业的技术人员和业余爱好者学习，从而系统提高女裤结构设计的理论和实践能力。本书采用CorelDRAW软件按比例进行绘图，以图文并茂的形式详细分析了典型裤子款式的结构设计原理和方法。

屈国靖参与编写的章节是：第一章第一节，第五章第四节，第六章。其他章节内容由侯东昱教授编著。

在制图、插图等编写过程中，河北科技大学研究生学院设计艺术学专业服装设计及理论方向研究生崔舜婷、王博洋做了大量工作，在此表示感谢。

在编著本书的过程中参阅了较多的国内外文献资料，在此向文献编著者表示由衷的谢意！

书中难免存在疏漏和不足，恳请读者指正。

编著者
2017年12月

目 录
Contents

| 第一章 | 裤子简介 | 001 |

第一节　认识裤子的产生及发展　/ 002
一、裤子的产生及发展　/ 002
二、近年来裤子流行的款式　/ 012

第二节　常见裤子及搭配方法　/ 014
一、常见的裤子　/ 014
二、裤子的分类　/ 016
三、裤子的实用性搭配方法　/ 023

| 第二章 | 制作裤子的面、辅料 | 027 |

第一节　制作裤子需要的面料　/ 028
一、常见裤形面、辅料的选择及其性能　/ 028
二、流行的裤子面料　/ 034

第二节　制作裤子需要的辅料　/ 036
一、里料　/ 036
二、衬料　/ 036
三、其他辅料　/ 036

| 第三章 | 制作裤子需要的人体数据 | 039 |

第一节　测量简介　/ 040
一、需要的工具　/ 040
二、测量要求　/ 040
三、测量方法　/ 041

第二节　人体测量 / 041

一、长度方向测量 / 042

二、围度方向测量 / 043

三、制作裤子所需的参考尺寸 / 043

四、如何看懂服装号型（尺码） / 044

第四章　裤子纸样制作及裁剪方法　047

第一节　裤子纸样制作 / 048

一、人与纸样的对应关系 / 048

二、纸样各部位名称及作用 / 048

三、纸样制图的方法 / 050

四、纸样制图的部位代号 / 050

第二节　绘制纸样的工具及制图符号 / 051

一、制作裤子需要的工具 / 051

二、纸样各部位常用制图符号的识别 / 053

第三节　裤子臀围与腰围的差量解决 / 056

一、前、后裤片腰部省量的确定 / 056

二、裤子腰围、臀围放松量的加放 / 056

第四节　纸样制作臀部与裤子裆部的关系 / 057

一、绘制纸样的部位俗称 / 057

二、前腰围线和后腰围线 / 058

三、裤子裆部与人体臀部的对应关系 / 058

四、人体臀部与基本款式的立裆关系 / 059

五、裁剪裤片的前后裆弯 / 060

六、后片起翘、后中心线斜度与后裆弯的关系 / 060

七、落裆量 / 062

第一节　三大基本裤型　/ 064

一、女直筒裤　/ 065

二、女锥形裤　/ 075

三、低腰喇叭裤　/ 080

第二节　常见正装裤型裁剪与制作　/ 087

一、女西裤　/ 087

二、女西式短裤　/ 090

第三节　经典休闲裤型范例　/ 093

一、正常腰牛仔裤　/ 093

二、变化腰线高腰牛仔裤　/ 097

三、高腰牛仔裤　/ 100

四、低腰牛仔裤　/ 103

五、低腰装饰插袋牛仔裤　/ 106

六、休闲缩褶筒裤　/ 109

七、前片无省筒裤　/ 113

八、立体贴袋筒裤　/ 116

九、弹性曲线分割锥形裤　/ 120

十、低腰分割线组合锥形裤　/ 125

十一、自然褶分割线组合锥形裤　/ 129

十二、低腰喇叭裤　/ 133

第四节　流行时尚裤型裁剪与制作　/ 137

一、低腰紧身铅笔裤　/ 137

二、高腰褶裥哈伦裤　/ 141

三、较宽松组合哈伦裤　/ 145

四、弧线省萝卜裤　/ 150

五、热裤　/ 155

六、吊裆裤　/ 159

七、六分灯笼裤　/ 161

八、阔腿裤　/ 164

九、裙裤　/ 167

十、简易休闲一片裤　/ 170

第六章　裤子的缝制工艺——直筒裤　172

第一节　缝制的基础知识　/ 173

一、缝纫机的使用简介　/ 173

二、手缝简介　/ 175

三、服装基本缝型介绍　/ 177

四、熨烫工艺介绍　/ 178

第二节　直筒裤的缝制工艺　/ 179

一、直筒裤的款式介绍　/ 179

二、直筒裤的成品规格　/ 180

三、直筒裤的部件及辅料介绍　/ 180

四、直筒裤样板的缝份加放及工业样板　/ 181

五、直筒裤的缝制工艺要求　/ 184

六、直筒裤的缝制工艺流程　/ 185

七、直筒裤的缝制工艺　/ 185

参考文献　195

第一章

裤子简介

认识裤子

秋风带走了满地的落叶，

冷风吹过耳边，像记忆也吹断了线，

硕果累累，迷惑了双眸，

这样的一个季节，思绪挣脱蹁跹裙子的束缚，裤装终于登上了舞台。

第一节 认识裤子的产生及发展

一、裤子的产生及发展

平时还是裤子出行方便，嘿嘿！

（一）中国裤子的产生及发展

裤子泛指穿在腰部以下的服装，一般由裤腰、裤裆、两条裤腿缝纫而成。在我国古代裤装发展历程中，其发展变化从初形到定形大致经历了6个阶段。

1.胫衣

春秋战国——胫衣，裤子原写作"绔""袴"（图1-1）。早在春秋时期，人们的下体已穿着裤，不过那时的裤子不分男女，都只有两条裤腿，其形制和后世的套裤相似，无腰无裆，穿时套在胫上，即膝盖以下的小腿部分，所以这种裤子又被称为"胫衣"。战国时期赵武灵王推行"胡服骑射"之后，汉族人也开始穿满裆长裤。

2.裈

汉代——满裆裤，"裈"（图1-2）。汉代，满裆长裤已被汉族百姓所接受。为与开裆的"袴"区分，满裆长裤多称为"裈"。汉代除了长过膝的长裤以外，也有短裤，即裤裆缝合的短裤。

3.袴

魏晋南北朝——大口裤，"袴""袴褶""缚袴"（图1-3）。魏晋南北朝是裤子最为盛行的时期。由于中外文化交流频繁，受异域民族生活方式的影响，这一时期裤子特别肥大，人们称之为"大口裤"，类似于20世纪70年代流行的喇叭裤的裤形。与大口裤相配套的则是比较紧身的"褶"，褶与长裤在当时合称"袴褶"，是当时最为时尚的服装。

4.胡服

唐代——裤口收缩的"胡服"（图1-4）。到了开放的大唐，服饰文化吸收并融合域外文化而推陈出

图1-1　春秋
战国——胫衣

图1-2　汉代
——满裆裤

图1-3　魏晋
南北朝——袴

图1-4　唐代
——胡服

新，盛行"胡服"，男女老少皆以穿裤为荣。但这时的裤管已明显收束。

5.膝裤

宋代——满裆裤外罩"膝裤"。宋代以后流行的膝裤，就是一种胫衣，而宋明时期的膝裤，还可加罩在长裤之外。

6.套裤

明清时期——"套裤"（图1-5），裤管形状及材质丰富。清代称膝裤为"套裤"，因为它的长度已不限于膝下，也有遮覆住大腿的。所用面料有缎、绸、呢等，也有在冬季做成夹裤或在夹裤中蓄以絮棉来保暖的。除套裤以外，普通的长裤在明清两代仍然被使用着，裤为高腰、高裆，长度达到脚面。裤型不像男裤肥大，穿时用长带系结。老年妇女或仆人多在裤脚用长带缠裹。女子的裤比男子的裤色彩鲜艳，花纹丰富，如图1-6、图1-7所示。

图1-5　明清时期——套裤

图1-6　清代——高腰裤

图1-7　19世纪后期——连靴裤

西式裤装的出现是在辛亥革命以后，我国传统的满裆裤改成了西式裤，自此，裤子的形式与西方开始相同，裁剪受到西方的影响，变得更加合体方便。

从20世纪初期开始，"不当男人附庸"的女权主义者使得女性化妆成为社会现象和社会接受的方式。到20世纪30年代，传统的中式长裙在都市基本上已无人穿着，妇女们除了穿着旗袍，其次便是袄裤。袄裤的风格是比较宽松、随意，且采用西式裁剪方式制作。由于西风东渐，外来商品不断充斥我国市场，国外的一些服装款式和裁剪方法也传入我国，连衣裙和连体裤就是其中之一，如图1-8～图1-10所示。

图1-8　清末时期袄裤　　　　图1-9　民国时期绣花袄裤　　　图1-10　20世纪30年代
背带连体裤

20世纪40年代随着各种西式体育的传入、普及，适宜于体育活动的各种运动服也随之被国人所接受和采纳。传统中式衣裤不适合进行现代体育运动，因此，裸露胳膊与大腿的短衫裤变成必不可少的装备。女子运动装多为类似今天的文化衫的短袖上衣加短裤，女子泳装是连身短裙，内里加穿与之配套的短裤。体育运动的传入对我国人传统的生活方式与保守的服饰观有着极大的刺激作用，运动给内敛的我国人带来蓬勃朝气，如图1-11～图1-13所示。

图1-11　1939年杂志　　　图1-12　女子网球运动服　　　图1-13　上海排球女运动员服装
泳装女郎封面

20世纪50年代的时髦与革命联系在一起，任何与解放军、工农大众相似的装束都是美的，列宁装、人民装、中山装成为当时最时髦的三种服装。列宁装本属于男装，经改进后虽然男女通用，但主要用于女装，除了表明当时我国女性在精神上的革命追求之外，还因为它的装饰性元素受到女性的喜爱。20世纪50年代中期，年轻姑娘曾一度爱上男式背带工装裤和格子衬衫。工装裤是一种宽松、多口袋、背带式样、选料结实、蓝灰色的劳动裤子。

20世纪50～70年代，工装裤一直是主要流行的下装，不仅适用于工作时间穿着，平时也可穿用。在六七十年代，一种黄绿色的旧军装成为流行，其基本配置是旧军装、旧军帽、解放鞋、红袖章，配有"为人民服务"字样的挎包，如图1-14～图1-16所示。

我国改革开放明显的服饰标志当属"西装热"，当时的西装加工都较为粗陋，但依旧供不应求，女西裤还保持了侧开口，如图1-17所示。

图1-14 列宁装　　　图1-15 工装裤　　　图1-16 红卫兵装　　　图1-17 女士西装

　　20世纪80年代中期，喇叭裤开始在我国流行，成为改革开放之初最早进入我国的国际流行裤式。喇叭裤据说是由西方水手设计的。水手在甲板工作，因海水易溅进靴筒，所以想了这个改变裤脚形状的办法，宽大裤脚罩住靴筒，以免水花溅入。1960年成为美国的时尚，后来"猫王"把喇叭裤推向了时尚巅峰，随后流传到亚洲。喇叭裤上细下宽，裤脚宽约33cm，年轻人都比谁的裤脚宽。那时候，人们的思想还比较保守，稍微新潮一点的服装，均被视为奇装异服而遭到排斥，虽然年轻人都爱尝试新鲜事物，但也抵挡不住校门口纪律老师的大剪刀。喇叭裤流行时间并不长，牛仔裤的流行代替了喇叭裤，喇叭裤和牛仔裤的流行，使得前开襟的裤子开始被我国女性接受。当时，穿喇叭裤、留长发、戴蛤蟆镜、手提录音机的形象开辟了我国另类时尚，如图1-18所示。

　　20世纪80年代末期，还有一种裤脚口加有蹬条的黑色弹力针织裤，因地域不同而有脚蹬裤、踩脚裤的别称。一般以黑色为主，由丝质的材料和适当的再生纤维混纺而成，有很大弹性，类似于舞蹈裤，上宽下窄，裤脚下连着一条带子或直接设计成环状，以便踩在脚下，穿上后，产生一种拉伸感，衬托出腿部的修长，体现出一种线条美，之后以"健美裤"的名称迅速遍及全国，成为20世纪80年代末至90年代初我国爆款裤型。蝙蝠衫与健美裤是流行于20世纪八九十年代的一种服饰搭配，如图1-19和图1-20所示。80年代比较有特点的三道杠运动服开始流行，即使不运动，也感觉运动精力十足。运动服基本上以蓝色为主，其中运动裤侧面带3条白道。三道杠寓意着1984年，我国女排在美国洛杉矶奥运会上实现了"三连冠"，受此影响，北京等地开始流行起了运动装，如图1-21所示。

图1-18　80年代的喇叭裤装扮　　图1-19　健美裤　　图1-20　80年代的健美裤装扮　图1-21　三道杠运动服

　　20世纪90年代，女时装裤装开始流行。这是新中国第二次大面积流行裤装。50年代的裤装象征妇女解放，男女平等。而90年代的健美裤，紧包着臀部，直观地显示出女性下半身的曲线，大胆而又彻底地打破我国人的审美禁忌。健美裤流行时间很长。最令人啼笑皆非的是，有学者认为，自行车无疑成为延长健美裤流行的终极推手。因为裤脚不会碾进轮子，是公认的理想骑车服。随后牛仔裤、萝卜裤、老板裤、筒裤等裤子也随影视明星的影响力开始普及。20世纪末，加厚松糕鞋、低腰裤、露脐装构成了世纪末"后现代"的时尚风景。21世纪初，由于文化产业的攻势，"哈韩族""哈日族"开始引领时尚，韩风一夜吹起，满大街都是穿着掉裆的阔裤子，染着金发耍酷的年轻人。新人类的"另类"风貌表明了中国时尚已经没有禁区，开放的中国已经用坦然的心态看待这种"另类"时尚。

　　（二）西方的裤子产生及发展

1.西方裤的发展

　　在西方发展历程中，西式裤装的发展并非只是简单的时尚进程，它是社会前进的折射。其发展变化经历了3个阶段。

（1）裤子的雏形

西方发展历程中最早出现两腿的裤子样式像我国古代的胫衣，只是一种护腿功能，其产生的原因是精于骑射的波斯人居住在崎岖地带，他们的双脚需要格外的保护。

（2）连裤袜的出现

进入中世纪男子们穿上紧贴腿部的高筒袜，包腿的长筒袜长达臀部，在两腿外部或者系带把袜子和内衣的下摆系结在腰间，外部罩上外衣，看上去像穿着紧腿裤。

（3）连裆裤的出现

在15世纪末期，两只裤腿同下腹部连接起来，并在此处形成小荷包袋的造型，这种样式形成了连裆裤的雏形。

2.西方女裤的发展

（1）20世纪初期女裤的发展

在西方，女装的裤子是取材于男裤，所以，研究裤子的历史，还是以男裤为中心。早期一直只有男人才可以穿裤子，而且欧洲曾经有法律明令禁止男女交叉着装。实际算起来，女性能穿裤子的历史并不长，只有短短百十年。1900年，女性穿裤子还是被视为反叛或男性化，如同现在男性穿裙子一样的道理。直到20世纪初，大多数女性仍然穿着裙子骑自行车。据说1910年前后是一个分水岭，这时，女性穿裤子骑马或骑自行车不再是非法行为。女性下装以裤子的形式出现则是在第一次世界大战期间。当时大量的男性在前线作战，女性填补了因男性离开造成的工作空缺。此时女性服装受到了战争服装——军装的影响。军装的特点在于，简洁便利、易于作战。而裤装是军装的重要组成部分。在这一时期，女性服装的一项重大突破就是长裤逐渐成为女装的重要内容之一。在此期间，出现了时装方面的独裁者保罗·布瓦列特，他推翻了女用紧身胸衣控制服装的长期垄断，创造了新的时装，从而成为时装设计第一人。在设计中借鉴了日本式样的和服、东方宽大的女子长裤等，引起欧洲国家上层女子的喜爱，如图1-22所示。

第一次世界大战结束后，越来越多的女性开始视长裤为正式服装，时装设计师也把长裤作为一个设计的要素来看待。女性长裤的发展、普及与妇女的解放程度是相辅相成的。20世纪20年代，随着女子体育运动热潮的兴起，运动装又一次流行起长裤、裙裤和短裤等裤装，但在日常装中仍没有裤装的位置，特别是正式场合，女人穿裤装简直是大逆不道。30年代，随着妇女对功能性、运动风格服装要求的增加，一些女性甚至觉得男性服装更能满足她们的要求。女性服装向男性化设计方向发展，女性长裤裁减宽松，式样趋于男性化，如图1-23和图1-24所示。

图1-22　保罗·布瓦列特设计的裤装　　　图1-23　1925年两种骑马服　　　图1-24　1928年滑雪服

裤子最终成为女装，路真的很漫长

（2）20世纪50年代女裤的发展

20世纪50年代的巴黎时装中，绝对没有裤装。当时在城市里穿裤子仍然被视为衣着不端。第二次世界大战期间，大批女性从军。在战争的影响下，越来越多的女性不穿裙子，改穿西式长裤。女性西式长裤的普及和流行成为当时的一大潮流。第二次世界大战后，随着女性社会角色的参与和运动热潮的兴起，女性的地位已有所提升。当时流行裤长至脚踝、款式比较紧身的裤子（如斗牛士裤）。20世纪50年代中晚期，女装开始明显地趋向于简单随意的风格，半截裤越来越受到重视。

（3）20世纪60年代裤装的发展

20世纪60年代，西方社会动荡，是一个变革的年代，年轻一代的崛起，新的社会价值观形成，各种反传统的叛逆思潮蔓延，便于活动的裤套装终于在女性生活中变得合法化了。服装设计向年轻化方向发展，女裤的设计呈多样化趋势，长裤流行得更加广泛，且在外形和风格上有了很大的变化，从而发展为时装的一个组成部分。波普艺术、后现代主义的产生，嬉皮士、朋克风格的出现等，构成了这一时期的文化艺术特征。后现代主义艺术成为没有风格的风格。各种类型的街头服饰，如迷你裙、喇叭裤、牛仔裤、不分性别均可穿着的新潮服饰成为当时的最新时装。到1965年，女裤的产量超过了裙子。裤子成了女性解放的最重要象征，如图1-25所示。

这个时期的著名设计师有安德烈·库雷热、伊夫·圣·洛朗（Yves Saint Laurent）、玛丽·奎恩特（Mary Quant）、帕高·拉巴纳（Paco Rabanne）。时装之父法国设计师安德烈·库雷热非常准确地迎合了60年代的氛围和需求，他的时装是这10年的象征和文化的表现，如头盔般的沙宣头，闪烁着金属光泽的面料，透明塑胶PVC，贴身的皮革等都是60年代未来主义的标志。1963年和1964年他相继推出了纯白色的"未来系列"，白色蝉翼纱上有绳边和刺绣的细筒裤，而且衣、帽、长裤、靴都是白色的。他于1965年设计的春/夏季时装系列，成为60年代服装的代表。1969年他推出了自己的第二个系列"未来时装"，针织面料的紧身装，包括弹力紧身裤和紧身连衣裤，好像是第二层皮肤一样，非常贴身。因为自己是一个登山爱好者，强烈的个人偏好使安德烈·库雷热最终认为只有长裤才能让女性得到完全的自由。中性化是库雷热的一个设计基调，安德烈·库雷热的时装注重流畅的结构线条，设计极简，唯一的装饰就是贴袋和腰带，如图1-26和图1-27所示。

服装大师皮尔·卡丹（Pierre Cardin）是服装界成功的典范，创建了一个闻名全球的品牌，他的成就得到了公认。卡丹先生曾三次获得法国服装设计的最高奖赏——金顶针奖。他创造了没有明显性别特征的服装，并命名为"无性别装"，结果又使他声名鹊起，他奉行"让高雅大众化"的竞争要诀，以此为服装设计的原则。他还曾扬言将在月球上设立一间品牌专卖店，并不惜重金将自己的居所改造成充满外太空感的泡泡宫殿，其奢华程度令人咋舌。他主导20世纪下半叶标志性的作品有1968年科技织物的迷你连衣裙、1969年乙烯雨衣、1971年的信封帽子，皮尔·卡丹在2011年春夏巴黎时装周上，倾情重现60年代200多个Look的重量级大秀，皮尔·卡丹时装是最早进入我国市场的国际品牌。早在20世纪70年代，当卡丹预见到这个文明古国蕴藏的商机时，其他的法国同行多是持怀疑的态度观望着他。而2014年，我国已经成了国际诸多大品牌群雄逐鹿的战场，如图1-28～图1-30所示。

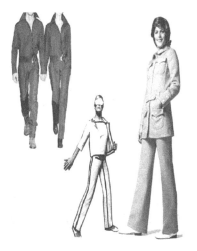

图1-25　60年代初的裤装

图1-26　库雷热的未来主义设计

图1-27　库雷热紧身裤装

图1-28　皮尔卡丹和品牌标志

图1-29　乙烯雨衣

图1-30　皮尔卡丹的天鹅绒裤

　　20世纪60年代的时尚偶像们，大都带有利落的男孩帅气，追求自我解放的精神映射在时尚上，是各种长裤、西装、领带、背带、短发等造型在纤瘦女孩们身上的重新演绎。

　　伊夫·圣·洛朗时装王国建立，他的迷你裙装和经典裤装对时尚中性风功不可没。伊夫·圣·洛朗于1966年设计了一种具有男性吸烟装风格的晚礼服，上衣面料采用天鹅绒或轻薄经绸，与打褶衬衫相配，下装则由裤装组成，腰系印度式腰巾。这款以男式的无尾晚礼服为原型而设计的女性裤装礼服，是个重大的突破。伊夫·圣·洛朗设计的郁金香线条、喇叭裤、喇叭裙线、水手服、骑士装、鲁宾逊装、长筒靴、嬉皮装、中性装，至今仍是许多当红设计师创作时的主要灵感源泉。

　　伊夫·圣·洛朗推介女性穿西裤，当时引发社会争议。英国《金融时报》认为，他的设计革新了职业妇女的生活，著名的"吸烟装"，就是其中的代表。时下的职业女性大可理所当然地穿着"吸烟装"出入写字楼。殊不知，在1966年之前，吸烟装只属于上流社会的男士。圣·洛朗将这种曾经专属于男性的套装移植到女装中，这一创想不仅掀起了女装界的革命，更推动了女性社会地位的提升，意义甚至超过了时尚本身。法国前第一夫人布吕尼更身着这款服装出席圣·洛朗的葬礼，并以此向大师致敬。圣·洛朗据此打下了在时装界的王者地位，如图1-31和图1-32所示。

　　英国时装设计师玛丽·奎恩特，也译作"玛莉官"，她不仅设计了全世界第一条超短裙，还创造了剪成几何形状的发型，使用了灿烂的色彩，并且设计了有图案的连裤袜。她所设计的"热裤"、裤装、低挂到屁股上的腰带等，完全征服了60年代的青少年，成了60年代的象征。玛莉官的经典造型是迷你裙与时髦的胶制鞋靴搭配，如图1-33至图1-34所示。

图1-31　伊夫·圣·洛朗和品牌logo　图1-32　1966年吸烟装、1967年中性化　　图1-33　玛莉官和品牌logo

　　帕高·拉巴纳也是未来主义代表的设计师，他善于以设计金属、塑料等前卫材质的服装起步，还推出过以纸张、唱片、羽毛、铝箔、皮革、光纤、巧克力、塑料瓶子、短袜和门把手为材质的服装，如图1-35所示。

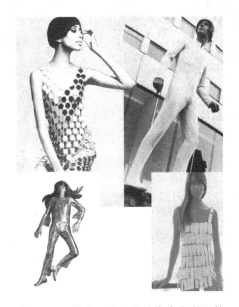

图1-34　名模崔姬穿的玛莉官"热裤"和连裤袜　　　　　图1-35　帕高·拉巴纳的未来主义服装

　　（4）20世纪70年代的裤装

　　20世纪70年代是一个社会经济状况和人民社会情绪均不稳定的时代，此时的服装舞台也呈现出一片混乱的状况。年轻人是社会最活跃、最敏感的群体，他们追求着装的个性化，且利用服饰来表达自己独特的个性，拒绝商业味的时装。在时装史上是承前启后的时候，60年代末的嬉皮士在70年代初达到鼎盛，80年代盛行的Disco风则在70年代末诞生。下装的款式也不再仅局限于裙子，裤装也有一席之地。喇叭裤、高腰裤和吊带紧身运动装，剪裁宽阔的长裤及喇叭裤成为潮流新典范，华丽摇滚乐则帮助奢华装饰风的回潮，高腰绸缎长裤，牛仔和亮片装饰的热捧，大量运用人造钻石，蟒蛇皮或鸵鸟羽毛来装饰帽子和肩膀，力求将装饰艺术发挥到极致，如图1-36所示。喇叭裤是一种从膝盖至裤脚口部分逐渐展宽成喇叭形及钟形的裤子，自1968年出现后得到青年们的喜欢，流行了整个70年代。最初在女性中流行，可以衬托出女性修长的腿形，后来在男性中也风行起来。裤脚口尺寸逐渐增加，有的甚至达到60cm以上，但到了80年代，这种裤型逐渐被小脚口裤子取代。70年代早期年轻女妇女最"火爆的"衣服是紧身的，紧身连衣裤是当时的流行，长袖的款式可以整体装扮，看起来更多彩和有质感。迪斯科风的流行也让弹性强的紧身裤成为舞池中的必备品。特别短的短裤，即俗称的"热裤"，它们与普通的休闲短裤毫不相同。冬天，热裤是用保暖的羊毛织成的，与紧身衣和落地长外套拼配着穿。夏天，T恤配牛仔热裤成为了70年代流行至今的经典少女款式。70年代是丹宁刚刚兴起的时期，起初上面紧尾部大喇叭的款式是潮人必有款，有创意的美国设计师中，克莱尔·麦卡德尔革命性地将丹宁运用到了女性服饰里。麦卡德尔尊重牛仔裤的根。她喜爱其"谦逊"的起源以及与劳动阶级的联系。法国设计师弗朗索娃·古尔宝创造了脱色处理、洗褪色、做破洞、撕裂等故意做旧的方法。特别是用石块洗磨的方法设计的"都市运动服""优雅的市井服""牛仔西装""牛仔连衣裙""牛仔套装"等旧处理的牛仔装系列，引起强烈的反响。女性则开始穿着更为舒适，带有弹性的牛仔裤，牛仔面料从一开始的简单布料发展到带有刺绣装饰。1934年女款李维斯牛仔裤出现，批号是701，这是为了与批号501的男士牛仔裤有所区分。而李维斯则被认为是"牛仔国王"，至今如此。这样一个过渡时期，使得70年代在复古回潮中总是被模糊和忽略的，不过社会经济生活的动荡，依然在70年代创造了一些时尚标签，如图1-37、图1-38所示。

图1-36　70年代初的街头裤装　　　　图1-37　70年代热裤、喇叭裤　　　　图1-38　"牛仔国王"李维斯

（5）20世纪80年代的女裤

20世纪80年代可能是最后一个具有强烈时装风格的10年了，这是个"宽肩"的女强人的时代，对于时装界来说，是一次真正意义上的革命，品牌们无限发展，朋克、摇滚、极简、解构、未来主义等新元素成为主流的时尚文化，而乡村、格纹、圆点、贵族休闲等经典元素也在某种意义上得到了巩固。60年代风格都以新的形式纷纷涌现，内衣的外衣化和无内衣化现象愈演愈烈，出现了六位比利时优秀设计师，被称为"安特卫普六君子"（The Antwerp Six），一举奠定了比利时设计师于全球时装界不可动摇的先锋地位。就裤装而言，紧身皮裤、水洗牛仔裤、李维斯和灯芯绒长裤都是深受欢迎的款式，80年代初，运动成为一种风潮，运动服装的设计则开始走上正轨，如图1-39所示。

（6）20世纪90年代的女裤

20世纪90年代"极简风格"成为服装的主要流行时尚。极简风格代表一种艺术流派，也是一种生活方式，这是一种将设计删减至最后的"纯粹"形式，却同样能实现完美和感觉热烈的设计理念，如图1-40所示。卡尔文·克莱因等美国设计师们将美国文化中的"自由、不受拘束"与"极简风格"相互结合，表现出"简洁、利落、帅气"的特色。但简约并不等于简单，在精致、简洁的背后凝聚着耗料、费时的过程，所以极简主义与20世纪90年代追求奢华的时尚在骨子里并不相悖。这个时期服装设计风格也出现了回复60年代、50年代、40年代、30年代甚至20年代的流行现象，并且19世纪的新浪漫主义风格、16世纪文艺复兴式样、15世纪征服者式样、中世纪式样、古希腊式样，甚至像史前风格的服装都成为设计者追逐的对象，设计灵感之来源从绘画、建筑到工艺美术，几乎无所不在。

图1-39　1981年"运动"系列中的短裤

图1-40　1992—1997年时装杂志上裤装

　　21世纪，世界时装朝着更加多元化、更注重人情味、更强调功能与形式统一的方向发展，女裤、裙裤的款式也更加多姿多彩、变幻无穷。在这样一个国际设计趋势多元化的时代，风格细分以及品牌的建立使服装与年龄层的匹配越来越和谐。在审美趋向于多元化的时代，中性服饰的美也越来越多地被人接受。当然，简洁的服饰并不是指"中性"的服饰，在某种程度上中性服饰是简洁服饰发展到另外一个极端的表现，某些中性服饰还可以作为人们对更加舒适、更加人性化、更加简洁的服装设计的一种追求。人们对于服装的要求体现了设计界"少即是多"理论的复杂含义。

二、近年来裤子流行的款式

　　裤装不仅能给人干净利落的感觉，面料和板型的不同一样可以使穿着者或甜美浪漫或帅气潇洒。学会根据自己的身材穿着裤装，学会依据流行来挑选裤装，才能完全展现出穿着者的魅力。裤子种类变化繁多，近些年来，主要流行工装裤、阔腿裤、烟管裤、热裤等。

（一）工装裤

　　工装裤是一种多口袋，耐摩擦，以保护作用为主的裤型。它本是一种男装，但随着时代推移，受到越来越多女孩子的喜爱。工装裤的流行源于20世纪30年代美国经济危机时，其他服装都滞销，唯独工装裤销量猛增，一方面，工装裤的无束缚感、舒适感是它走俏的一个原因；另一方面，面临经济危机，大牌设计师无论在用色还是选材上都不再过分张扬，因此设计随性的工装裤成为人们追捧的对象。

近两年工装裤又掀起了新的流行，除了多口袋这一个特点外，设计师也不断为工装裤注入新的元素，比如翻领设计、裤脚缩口、拉链、抽褶、绑绳等，包括在面料上选用绉丝布的宽松工装裤，不同装饰的表达也为人们提供了更多的选择，如图1-41所示。

（二）阔腿裤

阔腿裤是一种从大腿到裤脚一直都较宽的裤子，宽松的轮廓有着男裤的简洁大气，行走过程中又突出了女性的优美曲线。阔腿裤的流行源于20世纪70年代，妇女的解放大潮让时尚带有一丝反叛的精神，性别模糊的中性服装开始大行其道，其中阔腿裤就成为其标志性单品。如今设计师们对阔腿裤进行再次改造，面料和款式都有了很大的创新，阔腿裤作为一种长盛不衰的时尚单品，更多以一种干练强势的形象出现，同时隐含地表达出穿着者的洒脱感，能拯救不完美的腿形，搭配高跟鞋更突显高挑身材，如图1-42所示。

（三）烟管裤

烟管裤又称窄管裤，介于直筒裤与靴裤之间，既能完美地贴合臀部，又能很好地衬托出腰部、臀部以及长腿的曲线，使穿着者显得更加纤长笔直。烟管裤流行于20世纪50年代，那时女性穿着裤装才刚刚兴起，但裤子对女人们来说依旧是种禁忌，直到电影《Dick Van DykeShow》中MaryTyler Moore穿着烟管裤在表演，女人穿着裤装才渐渐被人们所接受。早期的烟管裤一般为中高腰，有拉链，长度在脚踝上方，贴合身材的烟管裤塑形效果非常棒，而且烟管裤基本不受风格限制，无论是T恤、衬衫、针织衫还是卫衣，都能呈现出相应的风格，如图1-43所示。

图1-41　工装裤　　　　　　图1-42　阔腿裤　　　　　　图1-43　烟管裤

（四）热裤

热裤是英文的直译，指性感、火辣的意思，是美国人对一种超短紧身裤的称谓，短裆紧身。热裤可以衬托出臀部以及身形的玲珑曲线，随着流行的发展，热裤的长度也在不断变短。但是热裤是一种非常考验身材的裤型，因暴露双腿部分较多，对腿形的要求就比较严格，体型稍胖的人对于热裤的选择就要非常慎重。热裤也并不是越短越好，有些过短的热裤，裤腿过于紧致，就完全暴露了大腿的健硕。热裤过长就会缩短腿部的长度，如图1-44所示。

（五）男朋友风牛仔裤

男朋友风牛仔裤意为超出自己身材尺码的裤型，宽松休闲，多为破洞，就好像穿起了男朋友的裤子一样。不知道从什么时候开始，男朋友风牛仔裤引领的宽松低腰风格开始大行其道，穿着舒适，搭配起来简单随意也是其流行的原因。这种裤型裤腿宽松，对腿形的限制较少，因此适合人群较多。无论是搭配针织衫、小西装还是休闲T恤都可以有不同的感觉。如果不想看起来太随意，可以搭配针织小西服或休闲夹克

外套；如果追求更加休闲的风格就可以上面搭配针织衫，下穿牛津鞋。总之男朋友风牛仔裤可以称得上是一种万能单品，舒适百搭，如图1-45所示。

图1-44 热裤

图1-45 男朋友风牛仔裤

第二节 常见裤子及搭配方法

女裤虽然是从男裤中演变而来，但随着时代不断发展，服装设计师不断地推陈出新，女裤种类已经远远比男裤丰富，款式千变万化，从不同的角度可以有不同的分类。

一、常见的裤子

（一）铅笔裤

铅笔裤也叫小脚裤，是一种裤腿非常纤细的裤型，也有窄管裤、紧身裤之称。这种裤型的特点是剪裁低腰，裤腿紧裹臀部和腿部。这种裤型的流行和摇滚乐密不可分。最初是猫王穿着紧身裤在舞台上跳舞，之后好多摇滚乐队如滚石乐队等都穿着过铅笔裤。一般都是将铅笔裤搭配马丁靴穿着，这种朋克风的穿着到现在都很流行。铅笔裤男女都可穿着，修身的板型也非常易于搭配，如图1-46所示。

（二）哈伦裤

哈伦裤源自穆斯林妇女服装，裤子名称来源于伊斯兰词汇"哈伦"。在伊斯兰民族，男子禁止出入女子的内室，女人们会将哈伦裤直接穿在外面或者作为衬裤穿在裙子里面，因此这种裤子有着伊斯兰民族特有的宽松感和悬垂感。经过时装设计师不断的演绎与发展，哈伦裤也受到很多明星和潮人们的热爱。其舒适的面料，宽松的板型不仅能够遮挡臀部或大腿的缺陷，还可以起到修饰腿形的作用。随着哈伦裤不断发展壮大，其种类也越来越多，裤脚围度有肥有瘦，裆的位置也有高有低，认真了解哈伦裤的面料与板型特征，才能找到最适合自己身材的哈伦裤，达到修长腿形的效果，如图1-47所示。

（三）直筒裤

直筒裤又称"筒裤"，裤脚口的围度与膝盖处一样宽，裤管笔直，能遮盖腿形上的缺陷，整体看起来有稳重感。作为女士衣橱里的常备款，直筒裤的经典百搭、结实耐穿等特点使它从未离开潮流的舞台，不仅拉长了整体的身形比例，直筒裤也比烟管裤更适合大众身材，如图1-48所示。

图1-46 铅笔裤

图1-47 哈伦裤

图1-48 直筒裤

（四）西裤

西裤主要指与西装搭配穿着的裤子，主要在社交场合及办公场合穿着，因此除了穿着上追求舒适自然，在裁剪上更加注重减少放松量，来保持一种稳重正式的感觉。西裤最早起源于17世纪巴洛克时期男子三件套，那时西裤的雏形还是半截裤搭配紧身筒袜，后来直到18世纪末终于摆脱了传统样式，成为了现在大家看到的服装款式，如图1-49所示。

（五）牛仔裤

在今天牛仔裤可以说是最常见的裤子种类，常见的牛仔裤大多有靛蓝色、纯棉斜纹布、袋口接缝处有金属铆钉加固、明线装饰、钉标牌等特征，具有耐磨、耐脏、穿着舒适等特点。牛仔裤在19世纪美国的淘金热大潮下应运而生，坚实、耐用的牛仔裤成为人们最迫切的需求，第二次世界大战期间，美国还把牛仔裤作为美军制服来使用，牛仔裤从美国西部农村被带到繁华都市，渐渐成为流行服装种类，如图1-50所示。

（六）喇叭裤

喇叭裤因其裤腿形状似喇叭而得名，具有低腰短裆，臀部紧裹，裤腿上窄下宽，自膝盖以下逐渐张开，裤口尺寸明显大于膝盖尺寸的特点。和小脚裤相比，喇叭裤更具可穿性，不受小腿粗细的限制，但喇叭的大小和腰头的高低要根据身材来选择，一般来说个子稍矮的人倾向选择中腰和微喇，如图1-51所示。

图1-49 西裤

图1-50 牛仔裤

图1-51 喇叭裤

（七）灯笼裤

灯笼裤指裤管宽大呈直筒型，裤脚收紧，裤腰内嵌松紧带，裤型上下两头收紧，中间宽松，形状像灯笼一样，所以称为"灯笼裤"。灯笼裤被认为起源于印度，18世纪流入西方世界，电影导演尤伯连纳在1956年的电影《国王与我》中将灯笼裤正式引入大屏幕。灯笼裤给人一种视觉上的诙谐感，是一种不易于搭配的裤装，如图1-52所示。

（八）裙裤

裙裤即像裤子一样具有下裆，裤口放宽，外形似裙子，是裙子和裤子的一种结合体。裙裤起源于第一次世界大战前，那时的妇女只能穿裙子，裤子是男性的专享，因此为了方便女性骑马，就在马裤外面罩上长裙，渐渐到后来设计师将两者组合在一起，发明了裙裤，既保留了裤子的便捷舒适，又增加了裙子的浪漫飘逸。如今的裙裤，大多指田径运动员或球类运动员所穿的短裤，大多在腰间缝有松紧带，裤口呈圆弧形或外罩褶裥短裙，后被时尚设计师不断演绎发展，变得更加精致活泼，无论搭配休闲T恤还是时尚卫衣，都能给人一种朝气向上的感觉，如图1-53所示。

（九）背带裤

背带裤是由机械工作者的工作服样式变化而来，指胸前有补块，穿着时用系带不用腰带的一种裤型，属于工装裤的一种。原来只代表工人穿着的裤装到了20世纪70年代开始在年轻人中间流行，如图1-54所示。

图1-52　灯笼裤　　　　　图1-53　裙裤　　　　　图1-54　背带裤

二、裤子的分类

（一）按服装风格分类

1.商务风格裤子

商务风格的裤子主要用于在出席较为正式的场合所穿着的裤子款式，如日常办公、商务谈判、业务洽谈等，如图1-55所示。

2.运动风格裤子

运动风格的裤子是指在非正式场合所穿着的服装，如体育锻炼，如图1-56所示。

3.休闲风格裤子

休闲风格的裤子是指在参与非正式场合所需穿着的服装，如郊游旅行、公园散步、日常逛街等，如图1-57所示。

图1-55　商务风格的裤子款式

图1-56　运动风格的裤子款式

图1-57　休闲风格的裤子款式

4.家居风格裤子

家居风格裤子是指仅局限于居家穿着，穿着时不宜出现在公共场合，具有一定的私密性，如图1-58所示。

图1-58　家居风格的裤子款式

（二）按腰围线高低分类

按裤子腰节的高低可分为低腰裤、中腰裤、高腰裤等，如图1-59～图1-61所示。

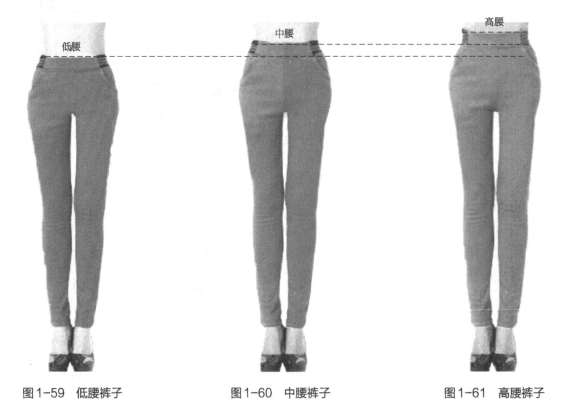

图1-59　低腰裤子　　　　　　　图1-60　中腰裤子　　　　　　　图1-61　高腰裤子

（三）按裤子长度分类

根据裤子长度可分为短裤、五分裤、八分裤、长裤，如图1-62～图1-65所示。

图1-62　短裤款式

图1-63　五分裤款式

图1-64　八分裤款式

图1-65　长裤款式

（四）按裤子轮廓分类

按裤子轮廓分类又可以细分为以下两类。

1.按文字表示法划分

裤子按文字表示法可分为筒形裤、锥形裤、喇叭裤等，如图1-66～图1-68所示。

图1-66　筒形裤子

图1-67　锥形裤子

图1-68　喇叭裤子

2.按字母表示划分

裤子按字母表示法可分为H形、A形、O形、T形、S形。

（1）H形裤子

顾名思义，即裤形呈直筒型的裤子，H形的裤子可以掩盖一些腿部缺陷，是市场中非常常见的一种裤形，如图1-69所示。

（2）A形裤子

顾名思义，即裤腿从上至下渐渐变肥大，整体呈字母A形，以阔腿裤为例，这两年非常流行，如图1-70所示。

（3）O形裤子

通常O形裤子的剪裁较为宽松，穿着舒适，非正式场合穿着较多，如图1-71所示。

图1-69　H形裤

图1-70　A形裤

图1-71　O形裤

（4）T形裤子

顾名思义，裤子外部造型呈上宽下窄，如图1-72所示。

（5）S形裤子

S形裤子指的是臀部至膝盖处紧裹，膝盖至裤脚放松，整体呈S形，如图1-73所示。

图1-72　T形裤

图1-73　S形裤

（五）按裤子的内部结构分类

按裤子内部结构可以分为省道裤、褶裥裤、分割裤、组合裤。

1.省道裤

省道裤又可细分为垂直省裤、横向水平线省裤、曲线省裤，如图1-74～图1-76所示。

图1-74　垂直线省裤

图1-75　横向水平线省裤

图1-76　曲线省裤

2.褶裥裤

褶裥裤又可分为规律褶裥裤、无规律褶裥裤，如图1-77、图1-78所示。

图1-77　规律褶裥裤

图1-78　无规律褶裥裤

3.分割裤

分割裤又可分为横向分割裤、竖向分割裤、曲线分割裤，如图1-79～图1-81所示。

图1-79　横向分割裤　　　　　图1-80　竖向分割裤　　　　　图1-81　曲线分割裤

4.组合裤

组合裤是指育克自然褶组合裤，如图1-82所示。

图1-82　育克自然褶组合裤

（六）按着装场合分类

1.正装裤

正装裤是指在正式场合搭配穿着的裤子，如图1-83所示。

2.休闲裤

休闲裤是指在非正式场合搭配穿着的裤子，如图1-84所示。

图1-83　正装裤

图1-84　休闲裤

三、裤子的实用性搭配方法

　　女裤已经成为女性衣橱中最重要的下装之一，风格特征、款式种类远远比男裤丰富。根据自己的身材选择适合的裤子进行搭配，不仅可以修饰双腿，还可以拉长身材比例。不同风格的裤子既可以营造出英姿飒爽的干练感，也可以营造出柔美飘逸的浪漫感。如果在裤装搭配上没有引起重视，不仅不会凸显双腿美感，反而会暴露某些缺陷。随着裤子在不断推陈出新、潮流更变，裤装变得越来越多，面料、图案也愈加丰富，裤子的种类繁多，在色彩运用、风格特征、体型调整等搭配因素中都有一些相对稳定的准则。

　　裤子的色彩运用要遵循一定的搭配原则，达到整体和谐的效果。在色相选择上要呼应上衣及其他服饰品色彩，整体冷暖调一致。在明度的选择上，当裤装比上装颜色明亮时，更加突出下装，显得服装造型整体轻快明亮，适合春夏季穿着。反之裤子明度越低色彩越深暗沉稳。当上装比裤装颜色明亮时，突出上装，显得稳重自信，适合秋冬季穿着。在纯度的选择上，裤子色彩纯度越高，个性特征也越突出，整体搭

配对比强烈，裤子色彩纯度越低，整体服装搭配效果相对较弱，适合性格低调朴素的女性。

　　裤子种类繁多并且有其各自的风格特征，从材质上讲，质地偏轻薄的裤子显得更加清新随意，质地厚重些的裤子显得更加有款有型，穿着具有反光感面料的裤装会显得更加抢眼，时装感更强；穿着一些纯天然面料的裤子则显得更加质朴真实，如图1-85～图1-90所示。

图1-85　年轻活泼风格的裤子

图1-86　成熟稳重风格的裤子

图1-87　端庄优雅风格的裤子

图1-88　动感浪漫风格的裤子

图1-89　华丽妩媚风格的裤子

图1-90　帅气潇洒风格的裤子

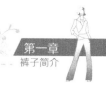

从裤子的整体造型上说，紧身裤、打底裤等贴身穿着的裤型基本比较低调，主要为了体现上装。烟管裤、直筒裤、西裤这类廓形微微有些松量的裤子，则更多表达出一种端庄、优雅的感觉。连体裤或质地轻薄的阔腿裤、灯笼裤则给人一种度假休闲的感觉。破洞牛仔裤或宽松的背带裤则体现出一种帅气、随意的感觉。

从形体调整的方面来说，身材矮小且丰满的女性，不适合选择质地轻薄的裤子，且不适合选择七分或八分左右的阔腿裤，否则会显得下身更加臃肿。腿形偏胖的女性不适宜选择图案较丰富的裤型，丰富的图案不仅吸引注意力而且视觉上具有膨胀感。对于臀部较丰满的女性，可以选择长度偏长的上装遮盖臀部，在裤型选择上也可以选择哈伦裤或者较为简单的锥形裤。

下面介绍几种典型裤子的搭配原则。

1.喇叭裤

喇叭裤自身就带有一股浓郁的复古味道，而微喇可以很好地修饰腿形，穿着高跟鞋，将微喇裤盖过脚面，则可以明显拉长下半身比例。浅色系的搭配配合微喇裤的浪漫复古给人优雅大方的感觉，如图1-91所示。

2.破洞牛仔裤

破洞牛仔裤是这两年出现较多的裤型，其本身带有的简单随意感非常易于搭配，可以像图1-92中那样搭配白色打底衫和修身的夹克外套，中和了破洞牛仔的随意感，整体风格更加亮眼。

3.热裤

热裤是夏日人们必备的一种裤型，款式简单的短裤包裹臀部，展现美腿，上装基本搭配背心或者衬衫一类轻薄的服装，也可以像图1-93中那样将上衣衣摆束在裤腰内，拉长腿部比例。

图1-91　微喇裤搭配　　　　　图1-92　破洞牛仔裤搭配　　　　　图1-93　热裤搭配

4.阔腿裤

阔腿裤也是一种非常适合白领女性的服装，搭配高跟鞋能够很好地展现出职业女性的干练风格，给人一种时尚随意的感觉，如图1-94所示。

5.西裤

西裤属于职业装，经常在工作场合穿着，质地薄厚较为适中，常与衬衫类进行搭配，给人优雅知性的感觉。

6.背带裤

背带裤是一种有减龄效果的裤型，搭配简单的T恤就可以给人清新的感觉，一般牛仔类背带裤通常将裤腿向上挽起几层来营造时尚感，如图1-95所示。

图1-94　阔腿裤搭配　　　　　　　　图1-95　背带裤搭配

了解裤子材料

裤子设计的核心元素是款式、色彩和材料。

制作裤子首先要去掌握面料和其他制作材料。

裤子的材料是指构成服装的一切材料，可分为服装面料和服装辅料。

第一节 制作裤子需要的面料

一、常见裤形面、辅料的选择及其性能

（一）常见的9种裤形与面料

1.铅笔裤

铅笔裤常用面料见图2-1～图2-5。

图2-1　黏棉面料

图2-2　黏纤面料

图2-3　平绒

图2-4　四面弹锦棉面料

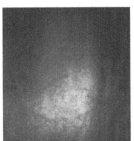

图2-5　PU皮革

2.哈伦裤

哈伦裤常用面料见图2-6～图2-8。

图2-6　雪纺

图2-7　毛混纺面料

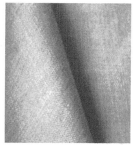

图2-8　苎麻面料

3.直筒裤

直筒裤常用面料见图2-9～图2-11。

图2-9　亚麻面料

图2-10　棉面料

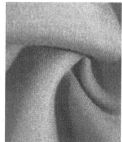

图2-11　高弹混合纤维面料

4.西裤

西裤常用面料见图2-12～图2-14。

图2-12　华达呢

图2-13　涤纶面料

图2-14　哔叽

5.牛仔裤

牛仔裤常用面料见图2-15～图2-17。

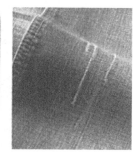
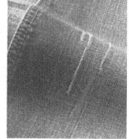

图2-15　全棉竹节牛仔布

图2-16　氨纶弹力牛仔布

图2-17　丝光竹节牛仔布

6.喇叭裤

喇叭裤常用面料见图2-18～图2-20。

图2-18　全棉牛仔布

 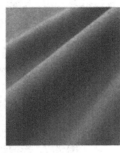

图2-19　涤纶面料

图2-20　锦纶面料

7.灯笼裤

灯笼裤常用面料见图2-21～图2-26。

图2-21　莫代尔面料

图2-22　涤纶面料

图2-23　亚麻面料

图2-24　灯芯绒

 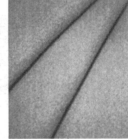

图2-25　毛呢

图2-26　棉布

8.裙裤

裙裤常用面料见图2-27～图2-32。

图2-27　棉布

图2-28　棉弹牛仔布

图2-29　速干面料

图2-30 皮革

图2-31 毛呢

图2-32 立体提花

9.背带裤

背带裤常用面料见图2-33～图2-35。

图2-33 全棉牛仔布

图2-34 棉混纺布

图2-35 涤纶面料

（二）常见面料性能简介

1.棉布

棉布主要组成物质是纤维素。棉纤维的强度高、耐热性较好，对染料具有良好的亲和力，色谱齐全，具有吸湿、保湿、耐热、耐碱、卫生等特点。棉布的缺点是经过水洗和穿着后易起皱、变形。

2.苎麻面料

"苎麻"是麻中之王者，纤维长，吸湿和散热是麻中最优。夏季穿着苎麻面料凉爽透气，质地轻、强力大，穿着舒适、凉爽，且它缩水小、不易变形，不易褪色、易洗快干。

3.亚麻面料

亚麻也称鸦麻、胡麻，具有调节温度、抗过敏、防静电、抑菌的效果。亚麻吸湿效果非常好，能够吸收相当于自身重量20倍的水分，所以亚麻面料手感干爽。亚麻也可以与毛、聚酯等纤维进行交织，形成更具风格的纺织品。

4.毛呢

毛呢是指对各类羊毛、羊绒织物的泛称，具有防皱耐磨、手感柔软、富有弹性、保暖性强的优点，缺点主要是不易清洗。通常适用于制作西装、礼服、大衣等服装，华达呢、哔叽、花呢、凡立丁等都属于常见毛呢种类。

5.全棉牛仔布

牛仔布也称丹宁布，是一种较厚实的色织经面斜纹棉布，一般为靛蓝色，经纱颜色深而纬纱颜色浅。具有良好的吸湿透气性，穿着舒适，色泽鲜艳，织纹清晰，有质地厚实耐磨的特点。广泛应用于男女式牛

仔裤、各类牛仔上衣。

6.涤纶面料

涤纶是日常生活中运用非常多的一种化纤，它具有较高的强度和弹性恢复能力，坚固耐用，并且涤纶面料是化纤织物中耐热性最好的面料，适合做百褶裙，褶裥持久。但涤纶面料吸湿性较差，夏季穿着会闷热，冬季易带静电，舒适感不强。涤纶在日常生活中运用非常广泛，除了运用在服装上，还在建筑装饰、交通工具装饰中发挥了无可替代的作用。

7.黏纤面料

黏纤又称木天丝，是一种运动型环保纤维，具有特殊的纳米裸分子结构，保证面料表层空气流通，具有相当好的调湿作用。黏纤面料吸湿性好，穿着舒适，抗静电能力强。黏纤可以与棉、毛或各种合成纤维进行交织混纺，用于各类服装及装饰用纺织品中。

8.平绒

平绒又称丝光绒，是通过起绒组织织制再经割绒处理的纯棉织物，其经向采用精梳双股线，纬向采用单纱，表面附有整齐、稠密并有光泽感的绒毛，故称平绒。平绒织物富有弹性、保暖性好、不易起皱，根据纱线不同还可分为经平绒和纬平绒。

9.四面弹锦棉面料

四面弹锦棉是指面料经向用锦纶丝，纬向用棉纱，并在经纬丝中都加入氨纶丝，这样经向和纬向都具有高弹性。这种面料由棉、锦纶、氨纶组成，多用于外套或者包臀式的裤子。

10.雪纺

雪纺学名叫作"乔其纱"，是以强捻绉经、绉纬织制的一种丝织物。雪纺质地轻薄透明，手感柔爽并且富有弹性，具有良好的透气性和悬垂性，适用于制作女性连衣裙、高级礼服、头巾等。

11.皮革

皮革是指经过脱毛和鞣制等物理、化学加工所得到的已经变性不易腐烂的动物皮，主要有猪皮革、牛皮革、羊皮革、马皮革等。按照皮革层次也可分为头层革和二层革。除了天然皮革外，人造皮革发展也越来越迅速，是PVC和PU等人造材料的总称。人造革是在纺织布基或无纺布基上，由各种不同配方的PVC和PU等发泡或覆膜加工制作而成，具有防水性好、利用率高、价格相对天然皮革便宜等优点。

12.莫代尔面料

莫代尔面料原料采用欧洲的榉木，先将木头制成木浆，再加工成纤维，形成一种纤维素纤维，也是一种再生纤维。莫代尔具有优良的吸湿性和柔软性，但挺括性较差，其面料经常运用在家居服饰和贴身衣物的制作中。

13.灯芯绒

灯芯绒是一种面料表面有凸起条纹的纯棉面料，因为凸起的条纹很像煤油灯的灯芯，因此称为灯芯绒，又称条绒。灯芯绒具有质地厚实、手感柔软、保暖性强的优点，但该面料光感不强且易拉扯，多用于制作秋冬外衣、鞋帽面料或窗帘、幕布等物品。

14.速干面料

速干面料是一种双层结构面料，贴身一层为不吸水、多孔性化纤面料，外层为吸水性较好的棉混纺。当人体出汗时，内层面料不吸收汗水，直接通过微细孔道传输给外层面料，特点就是将身体汗水迅速导出，保持内层干爽，汗水在外层挥发的效果，多用于户外服装制作。

15.锦纶面料

锦纶也称尼龙，强度高且耐磨性强，居所有纤维之首。其面料光泽较暗淡，色彩不鲜艳，手感硬挺。因此适合做外套服装、各类箱包和帐篷等户外用品。

（三）春夏季常用面料简介

裤料多采用薄型织物，如纯棉面料、乔其纱、化纤面料、针织混纺面料、凡立丁、凉爽呢、卡其、中平布、亚麻布以及丝织品等，见图2-36～图2-39。

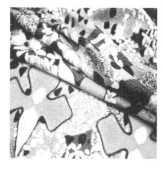  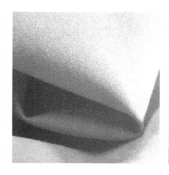 

图2-36　荧光印花面料　　　图2-37　麻布　　　图2-38　全棉弹力府绸　　　图2-39　凡立丁

1.荧光印花面料

荧光印花面料主要有锦纶棉混纺，荧光色印花，有挺阔感，如图2-36所示。

用途：哈伦裤、廓型裤装。

2.麻布

麻布是凉爽高贵的纤维布料，吸湿性好，放湿快，不易产生静电，热传导大，迅速散热，穿着凉爽，出汗后不贴身，较耐水洗，耐热性好，如图2-37所示。

用途：品牌裤装、时尚装。

3.全棉弹力府绸

全棉弹力府绸布面洁净平整，质地细致，粒纹饱满，光泽莹润柔和，手感滑软，如图2-38所示。

用途：夏季休闲裤。

4.凡立丁

凡立丁又名薄毛呢，是精纺呢绒中质地较轻薄的品种之一。其平纹组织有素色、条格及隐条格之分。呢面经直纬平，色泽鲜艳匀净，光泽自然柔和，手感滑、挺、爽，活络富有弹性，具有抗皱性，纱线条干均匀，透气性能好，如图2-39所示。

用途：各类夏季套装、套裙、男女西装等。

（四）秋冬季常用面料简介

秋冬季裤装则多选全毛或毛涤混纺织物、纯化纤织物、全棉织物等，通常裤子面料有花纱羊毛呢、哔叽、麦尔登呢、提花毛呢、牛仔面料、羽绒服等，如图2-40～图2-43所示。

图2-40　哔叽　　　图2-41　麦尔登　　　图2-42　针织牛仔布　　　图2-43　提花羊毛面料

1.哗叽

哗叽是精纺呢绒的传统品种。色光柔和，手感丰厚，身骨弹性好，坚牢耐穿，如图2-40所示。

用途：男女西装、休闲装、套裙。

2.麦尔登

麦尔登是粗纺毛织物的一种，手感丰满，呢面细洁平整，身骨挺实、富有弹性、耐磨不易起球，色泽柔和美观，如图2-41所示。

用途：西裤可使用。

3.针织牛仔布

常用的针织牛仔布有螺纹针织布，表面呈牛仔布效果，如图2-42所示。

用途：秋冬打底裤、休闲裤。

4.提花羊毛面料

提花羊毛面料有凹凸感印花强烈毛呢面料，如图2-43所示。

用途：可用于女装裤子。

二、流行的裤子面料

如今市面上裤子流行的面料种类越来越丰富，面料的丰富能够促使生活中服装款式的多样化，因此这也极大地促进了女性朋友们的购买欲望。

合理选择面料，对提升自身的审美能力具有很大帮助，如表2-1所示。

表2-1　近年来春夏、秋冬流行的面料简介

春夏季流行面料	天丝牛仔布		柔软牛仔布、轻薄	夏季牛仔裤
	提花卡其		结构紧密，布面匀净，织纹清晰，滑爽柔软，有丝绸感等特性。织物表面肌理匀称。有凹凸花纹、有质感	时尚裤装、品牌服装
	锦纶面料		耐磨性和弹性都好	夏季休闲裤

春夏季流行面料	棉质贡缎		柔软的独特质感，细腻、爽滑，光泽度更好、手感更佳	职业裤装、套装、高品质休闲裤
秋冬季流行面料	羊毛呢		保暖、舒适	优雅制服套装
	天鹅绒		一种绒布，细毛绒	冬季打底裤
	驼绒布		表面绒毛丰满、质地松软、保暖性和延伸性好	秋冬西裤，驼绒是服装、鞋帽、手套等衣着用品的良好衬里材料
	棉质厚纱卡		布面匀整光洁，质朴柔和，定型稳定，吸湿耐磨，尤其是经过免熨烫处理后，柔软舒适、无折痕的特点更加突出	目前休闲类长短裤首选面料

第二节　制作裤子需要的辅料

一、里料

裤子设计中里料使用较少，在选择里料时，要求其性能、颜色、质量、价格等与面料相统一。里料的缩水率、耐热性、耐洗涤性、强度、厚度、重量等特性应与面料相匹配。里料与面料的颜色相协调，并有好的色牢度。里料应光滑、轻软、耐用，在不影响裤子整体效果的情况下，里料与面料的档次应相匹配，还应适当考虑里料的价格并选择相对容易缝制的里料，如图2-44所示。

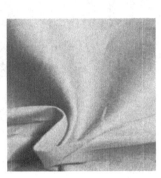

涂棉里料　　　　　涤龙提花里料　　　　　太空网里料　　　　　府绸里料

图2-44　裤子里料的选择

二、衬料

衬料是附在服装面料和里料之间的材料，并赋予服装特殊的造型性能和保型性能。裤子设计中衬料使用较少，裤子上需粘衬的部位有裤腰头、裤脚折边、兜盖、袋口、腰带等部位，以不影响裤子面料手感和风格为前提，从而加固裤子的局部，使其平挺、抗皱、宽厚、强度、不易变形和可加工性。

三、其他辅料

（一）拉链

在裤子上使用较多的拉链类连接的扣件有两种。其一为一端闭合的常规拉链，另一种为一端闭尾的隐蔽式拉链。拉链的链牙材质、型号、颜色和数量等因素要根据裤子的设计而选择，通常使用长10～20cm的拉链。

裤子常用的拉链有金属拉链、尼龙拉链、隐形拉链。

（1）金属拉链

金属拉链常用在牛仔裤、休闲裤上，如图2-45所示。

（2）尼龙拉链

尼龙拉链用在西裤、休闲裤上，如图2-46所示。

（3）隐形拉链

隐形拉链多用在裙裤上，如图2-47所示。

图2-45　金属拉链

图2-46　尼龙拉链

图2-47　隐形拉链

（二）纽扣、挂钩

在裤子上使用较多的纽扣类连接的扣件有用压扣机固定的非缝合金属扣、电压扣和树脂扣。纽扣的种类、材料、形状尺寸、颜色和数件等因素要根据裤子的设计选择，一般金属纽扣用在牛仔裤中，电压扣和树脂扣用在西裤、休闲裤中。挂钩的形状和规格是多种多样的，一般裤子腰头两端闭合部位上常用的是片状金属挂钩，挂钩的钩状上环装订在绱门襟处腰头的里侧，挂钩的片状直环的底环装订在绱里襟处腰头的正面，如图2-48所示。

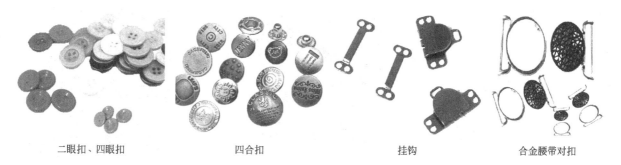

二眼扣、四眼扣　　　　　四合扣　　　　　挂钩　　　　　合金腰带对扣

图2-48　裤子纽扣、挂钩

（三）其他辅料

其他常用的辅料有绳带、蕾丝、松紧带、装饰贴、裤背带等，装于腰头或裤子两侧缝处，抽束来调节腰头围度或裤子两侧缝处的变化，可作为服饰品用来装饰裤装。如图2-49～图2-60所示。

图2-49　松紧带

图2-50　装饰贴

图2-51　蕾丝花边

图2-52　皮革标牌

图2-53　装饰铆钉

图2-54　撞钉

图2-55　裤绳

图2-56　金属鸡眼扣

图2-57　三档扣

图2-58　葫芦扣

图2-59　松紧扣

图2-60　魔术贴

人体数据很重要

要想做出合体、舒适、好看的服装，就需要测量着装人的身体尺寸，
取得数值是做出合体美观服装的前提。
人体测量是制作服装必不可少的准备工作。
在购买服装时，你知道怎样确定自己该买什么号型的服装吗？

第一节　测量简介

一、需要的工具

（一）软尺

软尺是常用的测量工具，是一种质地柔软的尺子，一般由伸缩性小的玻璃纤维制成，主要用于测量人体尺寸和裁片的长度。其两侧分别印有公制和英制或其他计量单位的刻度，长度一般为150cm，如图3-1所示。

（二）笔

笔是测量时常用的记录工具，有普通签字笔、铅笔，如图3-2所示。

图3-1　软尺

图3-2　笔

（三）尺寸记录单

准备一张白纸，并写出即将需要测量的部位，如表3-1所示。

表3-1　尺寸记录单

序号	部位	标准测量数据
1	裤长	
2	腰围	
3	臀围	
4		
5		

二、测量要求

在测量时要准确观察被测量人的体型特点，并记录说明，在制板时注意处理。目前，大部分情况下人体测量采用的是手工测量，测量时选取内限尺寸定点测量，因此在测量时应最大限度地减少误差，提高精确度。在工业服装结构设计和工艺要求中，需要的是几个具有代表性的尺寸，其他细部结构均由标准化人体数据按照比例公式推算获得，使得工业化成衣生产更规范化、理想化。详细了解并掌握各个部位尺寸的量取方法及要领对服装结构设计者来说非常重要。

（一）对被测量者的要求

进行人体测量时，被测者一般取直立或静坐两种姿势。直立时，两腿要并拢，两脚成60°分开，全身自然伸直，双肩不要用力，头放正，双眼正视前方，呼吸均匀，两臂自然下垂贴于身体两侧。静坐时，上身自然伸直与椅面垂直，小腿与地面垂直，上肢自然弯曲，两手平放在大腿面上。要求被测量人身着对体型无修正作用的适体内衣，也可根据着装需求穿着对体形有修正作用的紧身内衣。

（二）对测量者的要求

测量者要掌握服装及人体结构知识，熟悉人体各部位的静态与动态变化规律。在量体过程中，首先在人体上正确地选择与服装密切相关的测体基本点（线）作为人体测量基点，这样，将会有利于初学者掌握，并使测量数据具有相对的准确性。

测量时应仔细地观察被测量者的体型特征。在测体的同时，要有条不紊、迅速地正确测量，还要观察出体型的特征。可从人的正面、侧面和背面三方面观察，对特殊体型部位应增加测体内容，并注意做好记录，以便在服装规格及结构制图中进行相应的调整。

如果必须在衬衫或连衣裙的外面测量，要估算出它的余量再进行测量。

（三）对尺寸测量的要求

测量时选用净尺寸（也称为内限尺寸）作为确立人体基本模型的参数。为了使净尺寸测量准确，被测者要穿适体内衣，适体内衣是指对人体无任何矫正状态的内着装。净尺寸的另一种解释叫内限尺寸，即各尺寸的最小极限或基本尺寸，如胸围、腰围、臀围等围度测量都不加松量。袖长、裤长等长度原则上并非指实际成衣的长度，而是这些长度的基本尺寸，设计者可以依据内限尺寸进行设计（或加或减）。这种测量的规定，无疑给设计者提供了非常广阔的创作天地，同时也不失其基本要求。

三、测量方法

要想做出合体、舒适、好看的服装来，就要测量着装人的身体尺寸，取得数值是做出形状的前提。人体尺寸测量的方法有很多，下面介绍的方法是服装结构设计中最常用的测量方法——沿体表测量。这种测量方法简单实用，不需要复杂的机器设备辅助，随时随地都可以实施，但是这种测量方法仅仅能够判断人体的高矮、大致的胖瘦等简单的人体特性，对人体体表的局部细致特征，如人体的厚度、胸凸、腹凸、臀凸的大小、肩斜角度等无能为力，属于简单的一维测量范畴。垂直测量时，软尺要保持垂直。在测量围度时，皮尺不宜拉得过紧或过松，以软尺呈水平状并能插入两个手指为宜；左手持软尺的零起点一端贴紧测点，右手持软尺水平绕测位一周，记下读数，其软尺在测位贴紧时，其状态既不脱落，也不使被测者有明显扎紧的感觉为最佳。长度测量、围度测量一般随人体起伏，并通过中间定位的测点进行测量。

量体的顺序一般是先横后竖，由上而下。测量时养成按顺序进行的习惯，这是有效地避免因一时疏忽而产生遗漏现象的好方法，同时，还要及时清楚地做好测量记录。

第二节　人体测量

人体所需测量的关键部位，从人体测量学的角度说，是以骨骼的测量为基础而决定的测量点。这些测量点也有可以直接应用到衣服构成中的。

长度测量是指测量两个被测点之间的距离。

围度测量是指经过某一被测点绕体一周的长度。

人体测量项目是由测量目的决定的。测量目的不同，所需要测量的项目也有所不同。根据服装结构设计的需要，进行人体测量的主要项目大体如下。

一、长度方向测量

长度方向测量主要有以下几个关键点。

① 裤长——紧身裤从侧腰点往下垂量至外踝关节的长度，其他裤型可参照腰高量至脚跟底部，如图3-3所示。

② 下体长——从胯骨最高处量至脚跟平齐的距离，如图3-4所示。

③ 腰高——从腰节线往下量至脚跟底部的长度，如图3-5所示。

④ 膝长——从腰节线往下量至膝盖骨下端的长度，如图3-6所示。

⑤ 上裆长——从腰节线往下量至股根的长度（可采用坐姿法测量），如图3-7所示。

⑥ 下裆长——从股根往下量至外踝关节或足根的长度（一般依裤长而定），如图3-8所示。

⑦ 前后上裆长——从前腰节线往下经过股根量至后腰节线的长度，如图3-9所示。

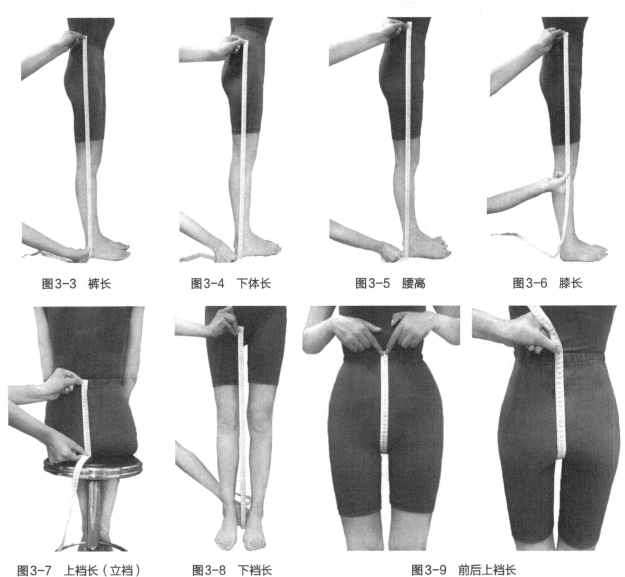

图3-3 裤长　　　　　图3-4 下体长　　　　　图3-5 腰高　　　　　图3-6 膝长

图3-7 上裆长（立裆）　　　　　图3-8 下裆长　　　　　图3-9 前后上裆长

二、围度方向测量

围度方向测量主要有以下几个关键点。

① 腰围——在腰部最细处用皮尺水平围成一周测量，如图3-10所示。

② 腹围——在腹部（腰与臀的中间）用皮尺水平围成一周测量，如图3-11所示。

③ 臀围——在臀部最丰满处用皮尺水平围成一周测量，如图3-12所示。

④ 大腿根围——在大腿根处用皮尺围成一周测量，如图3-13所示。

⑤ 膝围——在膝部用皮尺围成一周测量，如图3-14所示。

⑥ 踝围——将皮尺紧贴皮肤，经踝骨点测量一周所得尺寸，如图3-15所示。

⑦ 足根围——在后足根经前后踝关节用皮尺围成一周测量，如图3-16所示。

图3-10　腰围

图3-11　腹围

图3-12　臀围

图3-13　大腿根围

图3-14　膝围

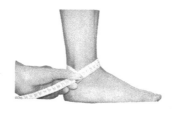

图3-15　踝围

图3-16　足根围

三、制作裤子所需的参考尺寸

（一）我国标准女性常用部位数据

我国标准女性常用部位数据参考，如表3-2所示。

表3-2　女性人体部位测量　　　　　　　　　　　　单位：cm

测量方向	序号	部位	测量数据	序号	部位	测量数据
长度	1	基准裤长	92（不包括腰头宽）	5	上裆长	25
	2	下体长	92	6	下裆长	73
	3	腰高	98	7	前后上裆长	73
	4	膝长	58			
围度	1	腰围	68	5	膝围	33
	2	腹围	85	6	踝围	21
	3	臀围	90	7	足根围	30
	4	大腿根围	53			

（二）日本JIS人体标准参考数据

JIS是日本工业标准的简称，由日本工业标准调查会组织制定和审议，也可以表示一种函数。日本工业标准（JIS）是日本国家级标准中最重要、最权威的标准。由日本工业标准调查会（JISC）制定。分类细化共19项。截至2007年2月7日，共有现行JIS标准10124个。从1992年6月起至1993年8月，日本人类生活工业研究中心在日本全国调查收集了33600人的人体数据，作为修订JIS标准的基础资料。通常在服装单件定做时需要考虑个体的人体测量尺寸，同样在成衣生产中也需要参照日本工业规格（JIS）中的服装号型规格。

这里以160/68A为依据列出日本女装标准人体参考尺寸，如表3-3所示。

表3-3　JIS人体标准参考数据　　　　　　　　　　单位：cm

身高	156												164				
胸围	76			均值	82			均值	92			均值	76	82			均值
臀围	84.6	85.1	85.6	85.1	88.2	88.8	89.2	88.7	94.2	94.9	95.2	94.8	86.3	91.0	89.9	90.5	90.5
腰围	59.0	59.7	59.8	59.5	63.2	64.9	65.2	64.4	70.2	73.6	74.3	72.7	59.0	63.3	63.2	64.6	63.7
会阴点高	70.3	69.5	69.6	69.8	70.0	69.2	69.3	69.5	69.6	68.7	68.9	69.1	75.0	75.9	74.7	73.5	74.7
膝点高	39.0	38.8	39.0	38.9	39.1	38.8	39.0	39.0	39.1	38.9	39.0	39.0	41.4	42.0	41.4	41.2	41.5
小腿最大围高	28.6	28.3	28.6	28.5	28.7	28.4	28.7	28.6	28.9	28.5	28.9	28.8	30.5	30.9	30.6	30.0	30.5
踝点高	6.1	6.1	6.2	6.1	6.0	6.1	6.2	6.1	6.0	6.1	6.2	6.1	6.4	6.3	6.3	6.4	6.3
腹围	75.9	76.6	77.6	76.7	80.9	81.6	82.9	81.8	88.7	89.7	91.2	89.9	75.9	79.7	80.8	81.6	80.7
大腿最大围	49.6	49.2	48.7	49.2	52.5	51.7	51.0	51.7	57.0	55.6	54.3	55.6	49.2	52.5	52.1	52.1	52.2
小腿最大围	32.8	32.3	32.0	32.4	34.5	33.8	33.4	33.9	37.1	36.1	35.4	36.2	32.8	34.7	34.5	33.9	34.4
WL～座面	27.2	27.4	27.4	27.3	27.6	27.7	27.7	27.7	28.0	28.1	28.1	28.1	28.4	28.8	28.8	28.8	28.8

四、如何看懂服装号型（尺码）

我们在买衣服的时候经常看到衣服或者吊牌上写着"S，M，L，XL""160/68A""26，27，28"等字样，如图3-17所示。这些特指服装的大小号码，如表3-4所示。

图3-17　最初尺码的识别

常用吊牌规格尺寸的换算如表3-4所示。

表3-4　常用尺码的识别与换算

英文缩写型号	S（Small，小号）		M（Middle，中号）		L（Large，大号）		XL（加大号）	
英寸型号	25	26	27	28	29	30	31	32
美国型号	4 ~ 6		8 ~ 10		12 ~ 14		16 ~ 18	
欧洲型号	34 ~ 36		38 ~ 40		42		44	
中国型号	155/64A		160/68A		165/72A		170/76A	
对应腰围 cm	62	64	67	69	72	74	77	79
市尺	1.8	1.9	2.0	2.1	2.2	2.3	2.4	2.5
对应臀围/cm	85	87.5	90	92.5	95	97.5	100	102.5

注：1m=100cm；1m=3市尺（市尺=尺）；1市尺≈33.3cm；1寸≈3.3cm；1英寸≈2.54cm。

（一）号型简介

我国识别服装尺码用"号型"。我国服装号型标准是在人体测量的基础上根据服装生产需要制定的一套人体尺寸系统，是服装生产和技术研究的依据，包括成年男子标准、成年女子标准和儿童标准三部分。现行《服装号型·成年女子》国家标准于2009年8月1日实施，其代号为GB/T 1335.2—2008。

服装号型国家标准的实施对服装企业组织生产、加强管理、提高服装质量，对服装经营提高服务质量，对广大消费者选购成衣等都有很大的帮助。

1.号型意义

号：特指人体的身高，以厘米为单位表示，是设计和选购服装长短的依据。

型：特指人体的上体胸围和下体腰围，以厘米为单位表示，是设计和选购服装肥瘦的依据。

2.号型的表示方法

① 上下装分别标明号型。

② 号型表示方法：号与型之间用斜线分开，后接体型分类代号。如下装160/68A，其中160代表号，68代表型（表示净体胸围及腰围），A代表体型分类，如图3-18、图3-19所示。

图3-18 我国尺码的识别

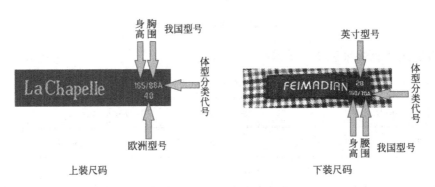

图3-19 上下装尺码的识别

（二）我国女性体型分类

通常以人体的胸围和腰围的差数为依据来划分人的体型，并将体型分为四类，分类代号分别为Y、A、B、C，如表3-5所示。

表3-5 体型分类代号及数值　　　　　　　　　　　　单位：cm

体型分类代号	女：胸围与腰围的差值
Y（偏瘦体）	19～24
A（正常体）	14～18
B（偏胖体）	9～13
C（肥胖体）	4～8

注：消费者只要记住自己的身高、胸围及腰围差值，就可以知道自己属于体型分类，就能解决购买合适服装的实际问题。

第四章 裤子纸样制作及裁剪方法

裁剪裤子的基本知识

裤子分前片、后片、腰等，这些都叫裤子的"裁片"，它们又是怎么组成的呢？

在纸上绘制裤子裁片叫"打板"。

打板纸样要有一些基本的工具和制图符号。

两个很重要且有用的知识："臀围与腰围的差量""人体臀部与裤子裆部的关系"。

第一节 裤子纸样制作

一、人与纸样的对应关系

当我们看见一条裤子的时候，我们很容易分辨出前后片、腰头、下摆等许多部位，这些在将来的裁剪图上都有一一对应关系。

在初步裁剪裤子纸样时，先将人体下肢体态简单归纳为单纯的立体圆柱造型，再把面料围在假设人体下肢上，由此在纸样上得到平面展开形式。横向为围度，纵向为高度，如图4-1所示，将实际人体与平面的裁剪图的对应进行说明。

二、纸样各部位名称及作用

裤子各部位名称如图4-1所示。

1.前、后腰口线

前腰口线和后腰口线是根据人体腰部命名的，人体做上下蹲运动时，臀部和膝部横向与纵向的皮肤伸展变化明显，尤其是后中心线、臀沟的纵向伸展率最大，决定了前、后裆缝线结构的不同，形成前腰稍低、后腰稍高的穿着特点及前、后腰围线结构的不同。

2.前、后臀围线

臀围线平行于腰口辅助线，以腰长取值的水平线即为臀围线。臀围线除确定臀围位置外，还控制臀围和松量的大小，且具有决定大小裆宽数据的作用。

3.前、后横裆线

横裆线平行于腰口辅助线，是以立裆长取值的水平线。该结构线对裤子的功能性和舒适性有直接的影响。

4.前、后中裆线

中裆线又称膝围线，对裤口变化有直接影响，其位置可上下移动变化。

5.前、后裤口线

裤口线是以裤长取值的水平线，是前后裤口宽的结构线，其大小直接影响裤子廓型。

6.前、后烫迹线

烫迹线位于前、后裤片居中的垂直结构线，又称为"前后挺缝线"。在裤子结构设计中也是关键线之一，其直接影响裤筒偏向及其与上裆的关系，是判断裤子造型及产品质量的重要依据。

7.前中心线和后中心线（后翘量）

前后中心线位于人体前、后中心线上，前中心线是指前腰节点至臀围线的结构线，要根据臀腰差有适量的收省处理。后中心线是指后腰节点至臀围线的一条倾斜的结构线，裤子的后中心线比较复杂，由于人体的蹲、坐、弯腰时，其立裆长度量不能满足人体需求，因此必须加放出后翘量，起翘量要根据体现、款式、年龄等综合考虑，一般在2.5cm左右。

8.前裆弯线和后裆弯线

前裆弯线指由腹部向裆底的一段凹弧结构线，又称为"小裆弯"；后裆弯线指由臀沟部位向裆底的一段凹弧结构线，又称为"大裆弯"。在裤子的结构设计中，后裆弯弧线长大于前裆弯弧线长、后裆宽大于前裆宽。裤子前片、后片的裆弯弧线的形态必须与人体臀股沟的前、后形态相吻合，人体穿着裤子后才能感到舒适。

9.前内缝线和后内缝线

前内缝线和后内缝线是位于人体下肢内侧的结构线，又称为"前后下裆线"。在工艺上，应保证其两结构线相等。

10.前侧缝线和后侧缝线

侧缝线是位于胯部和下肢的外侧的结构线。依据人体特征和功能性，后侧缝线曲率大于前侧缝线，在工艺上应保证两者相等。

11.落裆线

落裆线指后裆弧线低于前横裆线的一条水平线，为的是符合人体、工艺和功能性要求。

12.褶裥位线

褶裥线一般是指前身折裥的分布位置线。一般靠近前门襟的折裥在挺缝线处，有正裥和反裥之分，其余的折裥以等分的形式放置于挺缝线外。其量的大小、数量的多少，主要依据裤子裤型和臀腰差的多少而定。

13.后省线

后省线一般位于后身腰口线上。省位置的确定，一般以省的个数和有否后袋而定。且均以左右对称形式出现。其量的大小、数量的多少，主要依据裤子裤型和臀腰差的多少而定。

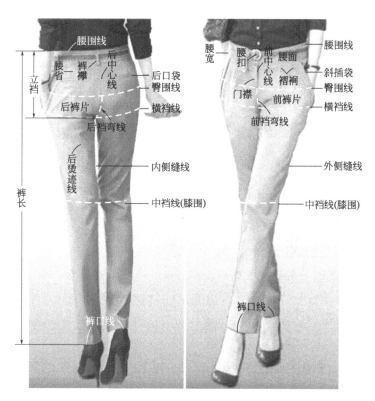

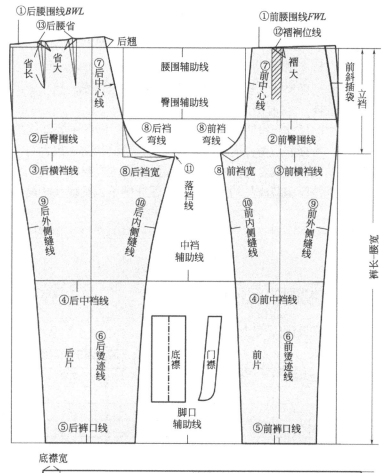

图4-1 裤子各部位名称

三、纸样制图的方法

服装制图是传达设计意图、沟通设计、生产、管理部门的技术语言，是组织和指导生产的技术文件之一。结构制图作为服装制图的组成，它对于标准样板的制定、系列样板的缩放是起指导作用的技术语言。结构制图的规则和符号都有严格的规定，可保证制图格式的统一、规范。

制图的过程要有一定的前后顺序，主要应遵循以下方法。

1.先基础，再分段

对于具体的裁片来说，要先作基础线，后作轮廓线和内部结构线。任何服装的结构设计，都要先画出纸样最长和最宽的基础线，然后根据效果图上的款式要求，在长度方向、宽度方向分别计算关键部位的尺寸，最后在基础线的范围内绘制结构图。

2.先横向，后纵向

在作基础线时一般是先横后纵，即先定长度、后定宽度，由上而下、由左而右进行。画好基础线后，根据轮廓线的绘制要求，在有关部位标出若干工艺点，最后用直线、曲线和光滑的弧线准确地连接各部位的定点和工艺点，画出轮廓线。

3.先主要，再次要

在制图时，先画主要的、明显的部位；再画次要的、边缘的部位，以保证各纸样尺寸的协调。

4.先大片，后部件

结构制图的程序一般是先作大片，后作部件；先作大片，后作小片。纸样的绘制首先是画出大片纸样，在确保主要纸样正确的前提下，才能绘制小部件的纸样。

5.先净样，再毛样

根据纸样的规格尺寸，画准、画好纸样的净样轮廓线，然后依据缝制工艺再加画缝份线或折边线，使净纸样变成毛纸样，才可用作排料画样的裁剪纸样。

结构制图时的尺寸一般使用的是服装成品规格，即各主要部位的实际尺寸。

在制图中，根据使用场合需要作毛缝制图、净缝制图、放大制图、缩小制图等。缩小制图时，必须在有关重要部位的尺寸界线之间，用注寸线和尺寸表达式或实际尺寸来表达该部位的尺寸。

净缝制图是按照服装成品的尺寸制图，图样中不包括缝头和贴边。按图形剪切样板和裁片时，必须另加缝头和贴边宽度。

毛缝制图是在制图时，衣片的外形轮廓线已经包括缝头和贴边在内，剪切裁片和制作样板时不需要另加缝头和贴边。

四、纸样制图的部位代号

女下装制图主要部位代号，如表4-1所示。

表4-1 女下装制图主要部位代号

序号	部位名称	代号	英文名称	序号	部位名称	代号	英文名称
1	腰围	W	Waist	2	臀围	H	Hip
3	大腿根围	TS	Thigh Size	4	脚口	SB	Sweep Bottom
5	腰围线	WL	Waist Line	6	中臀围线	MHL	Middle Hip Line
7	臀围线	HL	Hip Line	8	膝盖线	KL	Knee Line
9	前中心线	FCL	Front Center Line	10	后中心线	BCL	Back Center Line
11	裙长	SL	Skirt Length	12	裤长	TL	Trousers Length
13	股上长	CL	Crotch Length	14	股下长	IL	Inside Length
15	前上裆	FR	Front Rise	16	后上裆	BR	Back Rise

第二节　绘制纸样的工具及制图符号

一、制作裤子需要的工具

在服装结构设计纸样绘制中，若用文字说明缺乏准确性和规范性，容易造成误解。纸样符号主要用于服装的工业化生产，它不同于单件制作，而必须是在一定批量的要求下完成。因此，需要确定纸样绘制符号的通用性以指导生产、检验产品。另外，就纸样设计本身的方便和识图的需要也必须采用专用的符号表示。

（一）制图工具

1.打板尺

常用的打板尺有直尺、三角尺、皮尺（软尺）和曲线尺。在绘制1：1的纸样时不应依赖于曲线尺，用直尺依设计者理解及想象的造型需求完成曲线部分，对初学者来说是很好的方法，这是设计者的基本功，如图4-2所示。

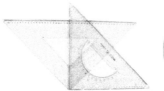

图4-2　直尺

图4-3　三角尺

图4-4　曲线板

图4-5　橡皮

2.三角尺

三角尺是指三角形尺子，质地有有机玻璃、木质两种，用于绘制垂直相交的线段和校正纸样，如图4-3所示。

3.曲线板

曲线板是在绘制曲线时使用薄有机玻璃板，除了通用曲线板以外，还有绘制服装不同部位，如袖窿、袖山、侧缝、裆缝等专用的曲线板，如图4-4所示。

4.橡皮

橡皮的选择较为广泛，以擦完后不留任何痕迹为上等，其他无特定要求，如图4-5所示。

5.纸

绘制样板底图的纸种类繁多，市场上较为常用的纸是牛皮纸，如图4-6所示。

图4-6　纸　　　　　　　　图4-7　铅笔　　　　　　　　图4-8　针管笔

6.绘图笔

① 铅笔。铅笔主要用在绘图上，因此要使用专用的绘图铅笔，常用的号型有2H、H、HB、B和2B。在1∶1绘图时，绘制结构线一般选用HB或H型铅笔，轮廓线一般选用B或HB型铅笔，如图4-7所示。

② 针管笔。针管笔是主要用于绘制基础线和轮廓线的自来水笔，特点是墨迹粗细一致，墨量均匀，绘于图纸上，不易擦掉，能防晒、防伪，如图4-8所示。

（二）裁剪工具

1.裁剪台

裁剪台是指服装设计者专用的桌子，不是车间用于裁剪的台子，通常是制板和裁剪单件布料时用的，即制样衣台面。桌面需平坦，不能有接缝，个人裁剪台大小以长120～140cm、宽90cm为宜，高度应在使用者臀围线以下4cm（一般为75～80cm）。总之，工作台要有能充分容纳一张整开卡片纸（或白板纸）的面积，以使用者能够运用自如为原则。家庭使用可用一般的桌子代替，如图4-9所示。

2.裁剪剪刀

裁剪剪刀是剪裁纸样或衣料的工具，因为纸张对剪刀刀口有损伤，所以应准备两把，一把专用于剪纸，一把专用于剪布。另外还可准备一把小剪刀用于小部件或缩小比例的绘图，如图4-10所示。

3.纱剪

纱剪用于剪缝纫线头，如图4-11所示。

4.拆线器

拆线器用于拆缝纫线迹，如图4-12所示。

5.锥子

锥子用于纸样中间的定位，如省位、褶位等。还用于复制纸样，如图4-13所示。

图4-9　裁剪台

图4-10　裁剪剪刀

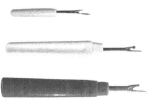

图4-11　纱剪

图4-12　拆线器

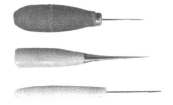

图4-13　锥子

图4-14　顶针

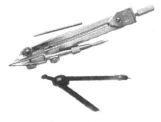

图4-15　圆规

图4-16　镊子

图4-17　梭皮、梭芯

6.顶针

顶针用于手工缝纫，如图4-14所示。

7.圆规

圆规用于较精确的纸样设计和绘制，特别是缩图练习，如图4-15所示。

8.镊子

镊子用于拔去线记号、线迹，需闭合整齐无缝，具有弹性为上品，如图4-16所示。

9.梭皮、梭芯

梭芯是卷底线的，梭皮是和梭芯配套的工具，有家用和工业用两种，如图1-17所示。

10.机针

机针用于缝纫，如图4-18所示。

图4-18　机针

二、纸样各部位常用制图符号的识别

纸样符号分为两类：纸样绘制符号和纸样生产符号。

（一）纸样绘制符号

纸样绘制符号是在纸样绘制中所采用的规范性符号，如表4-2所示。

表4-2　纸样绘制符号

序号	名称	符号	制图符号使用简介
1	制成线		表示该处为最终制成状态
2	辅助线		表示各部位制图的辅助线
3	贴边线		用在面布的内侧，起牢固作用
4	等分线		表示该段距离相等
5	直角符号		表示直角
6	剪切符号		表示在结构制图的过程中需要对该部位边缘剪切，对位、补正
7	整形符号		表示该处需要整合形成完整的裁片
8	重叠符号		表示交叉线所共处的部分为纸样重叠部分
9	省略符号		省略长度的标记
10	相同符号		表示尺寸大小相同
11	距离线		表示某部位起始点之间的距离

（二）纸样生产符号

　　成衣工业生产符号是在纸样绘制中所采用的指导生产的规范性符号，有助于提高产品档次和品质，如表4-3所示。

表4-3　成衣工业生产符号

名称	符号	生产符号使用简介
对直丝符号（经向号）		也称经向号，表示服装材料布纹经向标志，符号设置应与布纹方向平行，是纸样中所标的双箭头符号，要求操作者把纸样中的箭头方向对准布丝的经向排料
顺毛向符号		也称顺向号，表示服装材料表面毛绒顺向的标志，当纸样中标出单箭头符号，表示要求生产者把纸样中的箭头方向与带有毛向材料的毛向相一致，如皮毛、灯芯绒等，该符号同样适用于有花头方向的面料
省符号（埃菲尔省）（钉子省）（宝塔省）		省是一种让衣服合体的处理。省量和省状态的选择也说明设计者对服装造型的理解，但它在使用量上的设计是造型美的问题

名称	符号	生产符号使用简介
褶裥符号 （暗裥） （明裥）		褶比省在功能和形式上更灵活，褶更富有表现力。褶一般有以下几种：活褶、细褶、十字缝褶、荷叶边褶、暗褶
缩褶符号		缩褶是通过缩缝完成的，其特点是自然活泼，因此用波浪线表示
对位符号 （剪口符号）		也称剪口符号，在工业纸样设计中，对位符号起两个作用：一是确保设计在生产中不走样；二是可缩短生产时间
钻眼符号		表示剪裁时需要钻眼的位置
眼位符号		表示服装中扣眼位置的标记
扣位符号		表示服装钉纽扣位置的标记，交叉线的交点是钉扣位。交叉线带圆圈带表示装饰纽扣，并没有实用价值，仅有交叉线的标记为需锁订的实用纽扣标记
明线符号		明线符号表示的形式也是多种多样的，这是由它的装饰性所决定的。虚线表示明线的线迹，在某种情况下，还需标出明线的单位针数（针/cm）、明线与边缝的间距、双明线或三明线的间距等。实线表示边缝或倒缝线
对格符号		表示相关裁片格纹应一致的标记，符号的纵横线对应于布纹
对条符号		表示相关裁片条纹应一致的标记，符号的纵横线应对应于布纹
拉链符号		表示服装在该部位缝制拉链位置
橡皮筋符号		也称罗纹符号、松紧带符号，是服装下摆或袖口等部位缝制橡皮筋或罗纹的标记

第三节　裤子臀围与腰围的差量解决

一、前、后裤片腰部省量的确定

通常情况下，人体的腰围要比臀围小。为了使裤子达到合体效果，利用腰部收省、收褶裥等形式来体现，如图4-19所示。但在确定前、后裤片腰部省量时要遵循一个共同原则，即前身设定省量都要小于后身，而不能相反。这是因为裤子省量的设定不带有更多的造型因素存在，而是尽量与实体接近，因此它有一定的局限性，这是由于臀部的凸度大于腹部的凸度所决定的。从人体腰臀横截面的局部特征分析，臀大肌的凸度和后腰差最大，大转子凸度和侧腰差量次之，最小的差量是腹部凸肚和前腰的省量，这也确定了在前后裤片基本纸样中省量设定依据在于此。同时，为了使得臀部外观造型丰满美观，要将过于集中的省量进行平衡分配，也就形成了在基本前后裤片中，为什么后片设定两个省量，前片设定一个省量，原因就在于此。

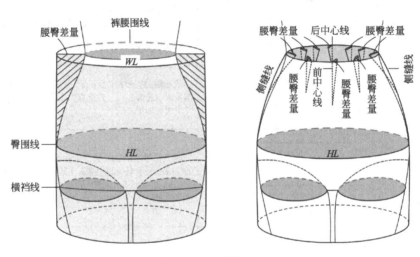

图4-19　臀腰差省量分配

二、裤子腰围、臀围放松量的加放

1.裤子腰围加放量

裤子的腰部设计只需考虑腰围实际尺寸和松度，没有必要考虑运动度。裤子腰围尺寸是直立、自然状态下进行测量得到的净尺寸，当人坐在椅子上时，腰围围度增加1.5cm左右；当坐在地上时，腰围围度增加2cm左右；呼吸、进餐前后会有1.5cm差异。通常裤子腰围加放量为2～3cm。所以在裤子腰围尺寸设计上合体的腰围加放量是满足人体的基本需求量值应加放2cm左右。虽然从生理学角度看，2cm程度的压迫对人体没有影响，但如果在结构设计上忽略这部分量值，在穿着上会造成不舒适的现象。如表4-4所示。

基本裤子腰围尺寸＝腰围净尺寸＋2cm（最小值不系腰带）至3cm（系腰带）

2.裤子臀围加放量

裤子的臀部设计只需考虑腰围实际尺寸和松度，没有必要考虑运动度。臀部是人体下部最丰满的部位，人体在站立时，测量的臀围尺寸是净尺寸；当人坐在椅子上时，臀围围度增加2.5cm左右；坐在地上时，臀围围度增加4cm左右。根据人体不同姿态时的臀部变化可以看出，臀部最小加放量应为4cm。臀部无关节活动点，其运动量往往增加在长度上。裤子没有裆部的连接设计，所以，在裤子臀围尺寸设计上合体的臀围加放量是满足人体的基本需求量值，应加放4cm左右。人体在弯腰、下蹲、坐卧时，前臀部、腹部会受到挤压，后臀大肌会产生伸展现象，同样会使臀围尺寸发生3～4cm的膨胀变化。因此，在基本的裤子臀围作出与之相对应的松量是必需的，而对于有一定弹性的面料，则可按净围尺寸作出，如表4-4所示。

基本裤子臀围尺寸＝臀围净尺寸＋4cm（最小值）

表4-4　裤子腰围、臀围基本放松量的加放　　　　　　　单位：cm

部位	人自然站立的时候	人坐在椅子上的时候	人坐在地面上的时候	人呼吸进餐的时候	裤子围度一般放量
腰围	人体实际尺寸（净）	净+1.5	净+2	净+1.5	净+2
臀围	人体实际尺寸（净）	净+2.5	净+4		净+（4～6）

3.裤子受季节因素影响放松量

由于受到流行因素的影响，如今裤子不仅仅局限于夏天穿着，四季皆宜。

夏季与冬季是在一年四季中两个最为极端的季节，因此在面料的选择上大为不同，冬季由于寒冷，因此可选用质地较厚的面料；夏季由于炎热或清凉，这时可选用面料质地较薄的面料。这都直接影响着制作裤子部位放松量的加放。具体可参考表4-5所示。

表4-5　裤子受季节因素影响放松量的加放　　　　　　　单位：cm

部位	人自然站立的时候	春季	夏季	秋季	冬季
腰围	人体实际尺寸（净）	净+2	净+2	净+3	净+3
臀围	人体实际尺寸（净）	净+4	净+4	净+（4～5）	净+6（以上）

注：弹性面料的紧身裤臀围、腰围可以不加放松量，如有必要采取减量措施，全凭款式造型定加放量。

第四节　纸样制作臀部与裤子裆部的关系

一、绘制纸样的部位俗称

绘制纸样时的部位俗称如下。

① 划顺：制图时直线与曲线、曲线与曲线相连时，线条圆顺流畅，没有棱角。

② 劈势：依据规格尺寸，直线部位的偏进量。

③ 翘势：轮廓线与水平线之间抬高（上翘）的量。

④ 凹势：依据规格尺寸，制图时需要凹进之处。

⑤ 胖势：依据规格尺寸，制图时需要凸出之处。

⑥ 困势：依据规格尺寸，直线部位需偏出的量。

⑦ 落裆量：指后裤片上裆深大于前裤片的上裆深，两者的差量。

⑧ 立裆：又称为"上裆""直裆"，指裤子横裆线以上的深度。

⑨ 下裆：指裤子横裆线以下到脚口的长度。

⑩ 裤子窿门宽：指前后裆宽的间距。

⑪ 省：又称省缝，使服装适合人体体型，在服装上缝去的部分。

⑫ 裥：也称褶裥，使服装适合人体体型，在服装上折叠的部分。

二、前腰围线和后腰围线

裤子的前、后腰围线与其他服装腰围线的作用不同，如裙子的腰围线、衣片的腰围线等都趋于直线，并且前后腰围线结构相同，而裤子前后腰围线的结构不同，后腰围线由于后翘的影响而呈现斜线，这是由于裤子的横裆影响所造成的。

三、裤子裆部与人体臀部的对应关系

人体下肢是一个复杂的曲面体，裤子是包围人体下肢的下装。

裤子与裙子的不同点在于裤子有裆部设计，因此裤子裆部的合理设计成为了裁剪裤子最为基础且最为重要的一个难点。裤子裆部设计的好坏直接影响着穿着的舒适度，因此，应当采取科学的办法，全方位的合理分析，最后给予最佳的设计值，如图4-20所示。

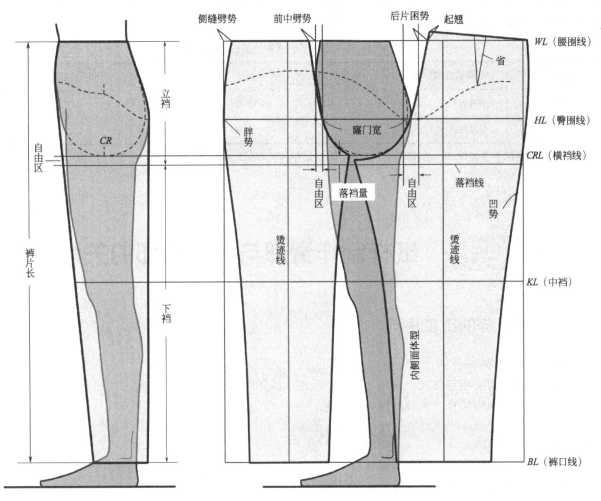

图4-20 裤片与人体臀部的关系

四、人体臀部与基本款式的立裆关系

立裆深的设计是裤子裆部设计的重点，裤子立裆深浅的变化直接影响着整个裤子的外观造型及穿着的舒适度，因此在裁剪裤子的过程中制定合理的立裆尺寸是非常有必要的，如图4-21所示。

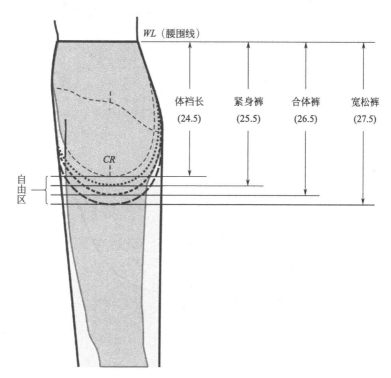

图4-21　人体臀部与基本款式立裆深的关系

根据多年的工作实践经验并结合当先下市场上常见的三大基本款式（紧身裤、合体裤、款式裤），将立裆深进行了数据整理，以供参考，如表4-6所示。

表4-6　裁剪裤子裆部需要的参考尺寸　　　　　　单位：cm

部位	体裆长	紧身裤	合体裤	宽松裤	作用点
立裆长	24.5	25.5	26.5	27.5（以上）	自由区

体裆长是特指从腰围至裆底"人体在没穿衣服的情况下"的直线距离。

自由区，顾名思义，是指人体各个部位自由活动的区域（关节与体块的连接部位）。由于我们所制作的服装是给人穿的，而人的各个部位是可以活动的，想要做出来的服装既能满足人体各个部位在不运动情况下的基本需求，也要满足人体在运动的情况下各个部位活动量的需求，这活动量给的多少直接影响着人体活动的舒适度，而这个量的设置也就是人体运动部位自由区域活动范围的取值，这是解决裆部设计的一大难点。

五、裁剪裤片的前后裆弯

我们从裤子的基本纸样中发现，前裆弯都小于后裆弯，这是由于人体的结构所决定的。裤子基本纸样裆弯的形成是与人体臀部与下肢连接处所形成的结构特征分不开的，如图4-22所示。

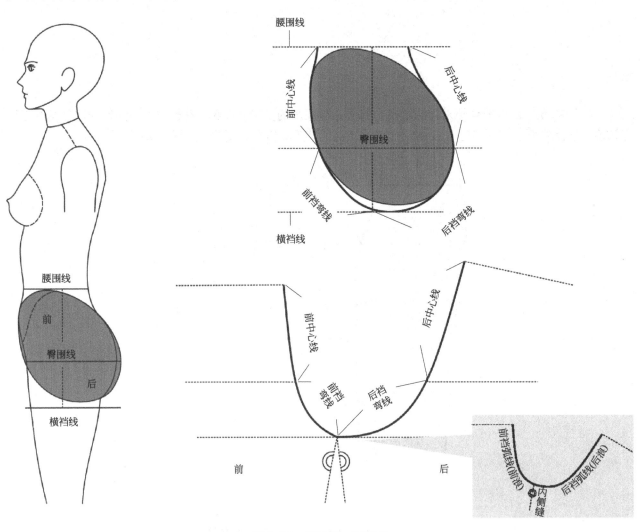

图4-22　裤片前、后裆弯

六、后片起翘、后中心线斜度与后裆弯的关系

裤子基本纸样中的后翘量、后中心线斜度和后裆弯的比例关系被看成标准的设计。标准裤子基本纸样是按照合理的比例设定的，当我们应用标准纸样时，必须要根据造型的要求和人体对象的不同作出选择和修正，而这种选择和修正不是随意的，是在裤子内在结构的依据上进行的。

　　无论后翘、后中心线斜度和后裆弯如何变化，最终影响它们的是臀凸，确切地说就是后中心线斜度的大小意味着臀大肌挺起的程度。其斜度越大，裆弯的宽度也随之增大，同时臀底前屈活动所造成后身的用量就多，后翘也就越大。斜度越小各项用量就自然缩小，如图4-23所示。

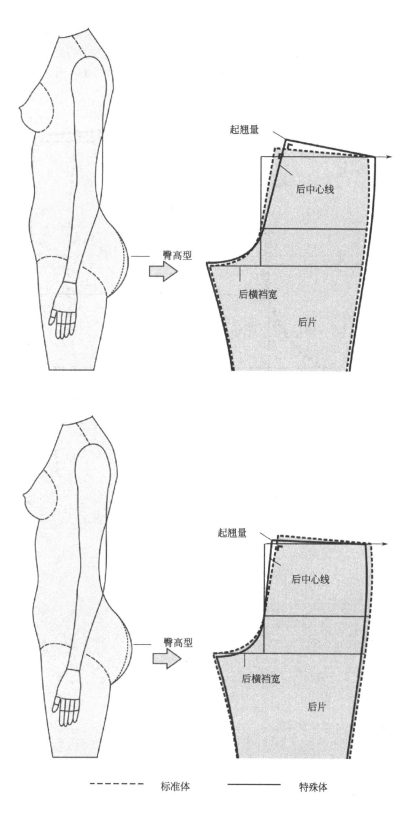

图4-23　后中心线、后翘量与裆弯宽的制约关系

七、落裆量

在裤子结构设计中，后裤片横裆线比前裤片横裆线下落0.5～1cm为落裆量，这是符合人体臀底造型和运动功能需求的。

裤片落裆量在这里需要注意的是，从结构方面来看，落裆量符合人体运动学，因所处的位置是裤子的前、后内缝线，其一，前、后下裆缝线的曲率不同，其二，前、后裆宽线的差值大小不同，其三，裤口的造型不同。也就是说裤子的长度、款式造型决定落裆量的大小，如图4-24所示。

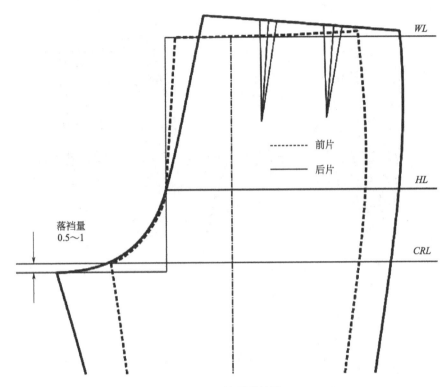

图4-24　裤子落裆量

第五章　经典流行裤子纸样制作

裤子的剪裁

如果让我们说出裤子的款式变化有多少种，恐怕很难回答，因为它太丰富了。任何事物都是遵循它固有的规律而发展变化的，裤子变化也是如此。从表面上看裤子的造型包括三个基本结构规律变化，即廓型变化、分割线变化和褶裥变化，实际上这些变化都是在基本的裤型基础上进行的款式变化。我们在掌握基本的裤子裁剪的方法后，会发现这些变化仅仅是款式设计的要求而已。

第一节　三大基本裤型

　　裤子廓型的基本形式分为三种，即直筒裤、锥形裤、喇叭裤。它们各自的结构特点是由其造型所决定的，影响裤子造型的结构因素有臀围和腰围的尺寸差、直裆的尺寸、臀部的收紧和加大、裤口宽度与裤摆的升降等，而且这些因素在造型上是互为协调的。如锥形裤，当加大臀部时，相应的直裆尺寸加长，裤口收窄，提高裤摆位置到踝骨，在廓型上形成锥形的特征。而喇叭裤则采用腰部无褶及低腰等处理方式；为减小臀围和腰围的尺寸差降低腰围线，直裆的尺寸减小，收紧臀部，相应要加宽裤口而使裤摆下降，造型呈现喇叭型。筒形裤属于中性，在裤筒结构不变的情况下，臀部的结构处理应灵活运用。这三种裤子廓型的结构组合构成了裤子造型变化的内在规律，因此，这种影响裤子廓型的结构关系对整个裤子的纸样设计具有指导性，如表5-1所示。

表5-1　基础裤型的廓型变化过程

名称	款式说明	三大基本裤型	廓型
直筒裤	直筒裤又称"筒裤"。直筒裤的裤筒脚口一般均不翻卷。由于脚口较大（与中裆相同），裤管挺直，整齐稳重感较强。在进行此类裁剪制作时，臀围可略收紧，中裆应略微上提（视觉因素），这样更能反映裤管的宽松挺直的特点		H形
锥形裤	锥形裤，形似倒锥形。裤筒由臀围至裤口围度逐步缩小		T形
喇叭裤	喇叭裤，外观造型酷似喇叭而得名 　　特点是：① 低腰短裆，紧裹人体臀部；② 裤腿呈上窄下宽状，从膝盖至裤腿脚口逐渐张开，裤口的尺寸明显大于膝盖围度的尺寸；③ 裤长一般能够盖住鞋后跟		X形

一、女直筒裤

（一）女直筒裤款式说明

1.款式特征

H形轮廓的女筒裤型的款式特点是束腰、臀部放松量适中、膝盖与裤口尺寸保持一致而称直筒裤。修身利落的裁剪衬托出腿部的曲线，搭配衬衣、西服、风衣都能穿出别样的气质；直筒裤裤脚设计令双腿看起来更为修长高挑，把整个腿形修饰的更为大气。

由于人们的年龄、文化修养、生活习惯、性格爱好不同，可选择不同色泽的裤料。性格活泼的青年人可选用浅色面料；中、老年人则可选用深颜色面料。如图5-1所示。

（1）裤身构成

女装成衣直筒裤在结构设计上，前裤片设单褶裥、后裤片设双（单）省，侧缝处有斜插袋，前中心处上拉链。

（2）腰

绱腰头，右搭左，在腰头处锁扣眼，钉纽扣。

（3）拉链

缝合于裤子前门襟处，装拉链，长度比门襟长度短1～2cm，颜色与面料色彩相一致。

2.女直筒裤结构原理分析

直筒裤以几何"长方形"来描述，首先建立直筒裤的廓型：筒形裤的裤长按照筒裤口的大小来确定长度，裤口窄时，裤长距地面6～8cm，裤口宽时，距地面2cm。它的结构表达形式就是裤子基本纸样。

① 以省为造型出现的直筒裤：直接采用基本纸样的省量作臀部合身的处理。

② 以褶为造型出现的直筒裤：加大褶量，在侧缝增加1cm，使原省量改为活褶制作，其目的为增强穿着的实用功能性。

图5-1　女直筒裤效果图

无论哪一种筒形裤，在造型结构处理上裤口宽度应比中档线两边宽度要窄，这意味着纸样显示的是下窄上宽的非直筒状结构，但是这种纸样的成形不会成为锥形裤，只是一种视错效应。所以，在作直筒裤结构设计时，应有意识将裤筒设计成上宽下窄的微锥形，以弥补这种错觉。如果将裤筒结构设计成上下相同的尺寸，成型后便产生小喇叭形的错觉。

（二）女直筒裤面料、辅料的准备

制作一条裤子首先要了解和购买裤子的面料、里料和辅料，表5-2详细介绍面、辅料的选择及常用量。

表5-2　女直筒裤面料、辅料的准备

| 常用面料 |  | 在面料的选择上，可选择制作西服所需的驼丝锦、贡丝锦，也可以选用哔叽、凡立丁、格呢，质地柔软兼具款型性的面料，造型线条光滑，服装轮廓自然舒展，根据身份不同可选用各种档次的面料
面料幅宽：144cm、150cm或165cm
基本估算方法：裤长+缝份5cm，如果需要对花、对格子时应当追加适当的量 |

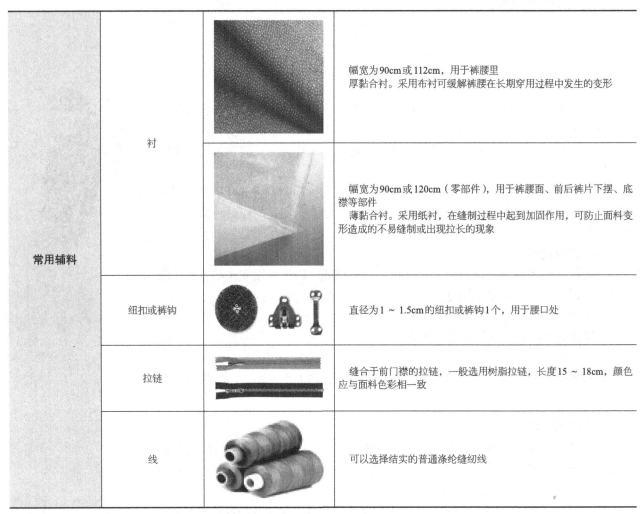

常用辅料	衬		幅宽为90cm或112cm，用于裤腰里 厚黏合衬。采用布衬可缓解裤腰在长期穿用过程中发生的变形
			幅宽为90cm或120cm（零部件），用于裤腰面、前后裤片下摆、底襟等部件 薄黏合衬。采用纸衬，在缝制过程中起到加固作用，可防止面料变形造成的不易缝制或出现拉长的现象
	纽扣或裤钩		直径为1～1.5cm的纽扣或裤钩1个，用于腰口处
	拉链		缝合于前门襟的拉链，一般选用树脂拉链，长度15～18cm，颜色应与面料色彩相一致
	线		可以选择结实的普通涤纶缝纫线

（三）女直筒裤结构制图

准备好制图工具，包括测量好的尺寸表，画线用的直角尺、曲线尺、方眼定规、量角器，测量曲线长度的卷尺。

作图纸的选择是四六开的牛皮纸（1091mm×788mm），易于操作并且大小合适，制图时要选择纸张光滑的一面，便于擦拭，不易起毛破损。

1.制定女直筒裤成衣尺寸

按照所需要的人体尺寸，先制定出一个尺寸表，按照我国服装规格160/68A作为参考尺寸，举例说明，如表5-3所示。

表5-3　女直筒裤成衣规格　　　　　　　　　　　　　　　　　　单位：cm

部位名称	裤长	腰围	臀围	脚口	立裆	腰宽
规格尺寸	98～102	70	96	39	26	3.5

2.女直筒裤裁剪制图（基础裤原型框架）

女筒裤结构属于裤型结构中典型的基本纸样，其款式的基本特征如图5-2所示，这里将根据图例分步骤进行制图说明。

（1）前片基础线的绘制

前片基础线的绘制如图5-3所示，具体操作步骤如下。

① 绘制上平线、横裆线、脚口线。

② 绘制前片裤长辅助线。

③ 绘制臀围线：上平线至横裆线的下1/3。当为标准的立裆尺寸时，可这样取值。

④ 绘制中裆线：取横裆线至脚口线的1/2向上7cm点作平行于上平线的中裆线。此为大概值，具体款式需具体分析。

⑤ 绘制臀围宽线：取$H/4$。H为成品尺寸，具体款式需具体分析。

⑥ 绘制前裆宽：取$0.4H/10+1$cm。可根据裤子的合体度进行合理取值。

⑦ 绘制烫迹线：取前横裆大的1/2。根据款式变化可略微调整。

⑧ 绘制脚口大：取脚口/2-1cm，以挺缝线为中点左右平分。

（2）前裤片细节及门襟、底襟部位的绘制

前裤片细节及门襟、底襟部位的绘制如图5-3所示，具体操作步骤如下。

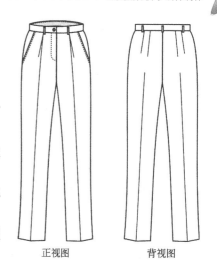

图5-2　女筒裤款式图

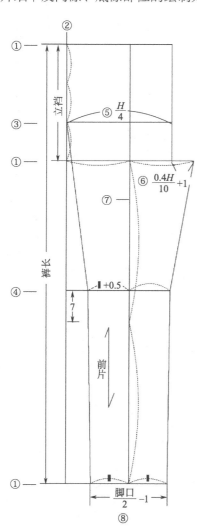

前片基础线的绘制

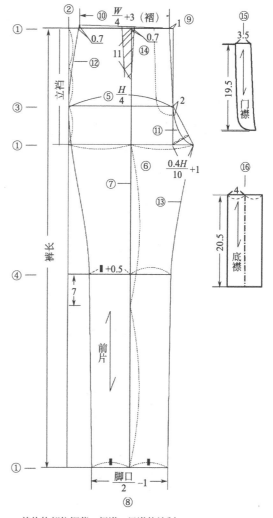

前片的部位细节、门襟、里襟的绘制

图5-3　女筒裤的前片、门襟、底襟的绘制

① 绘制前中心线：由上平线内收1cm（人体腹部凸起的影响）点与臀围大点连线。

② 绘制腰围线：以上平线内收1cm点为起点向侧缝取W/4+3cm（褶裥）交于侧缝起翘0.7cm（体型因素）点。W为成品尺寸，具体款式具体分析。

③ 绘制前裆弯线：延长前中心线并交于前裆宽点并将其修顺。

④ 绘制内侧缝线：依次连接脚口大、中裆大、前裆宽点并将其修顺。

⑤ 绘制外侧缝线：以腰围侧缝起翘点为起点连接臀围大点，再连接与脚口大点并将其修顺。

⑥ 绘制腰线省道：前片褶裥大为3cm，以烫迹线为中心向侧缝方向量取0.7cm（裥倒向前中心方向），褶裥长为11cm。

⑦ 绘制前门襟：门襟宽为3.5cm，长为19.5cm。

⑧ 绘制前底襟：底襟宽为4cm，长为20.5cm。

调整各部位曲线，完成前片的绘制。

注：以挺缝线为中点在绘制内、外侧缝的时候，左右中裆大应相等。

（3）后片基础线的绘制

后片基础线绘制如图5-4所示，具体操作步骤如下。

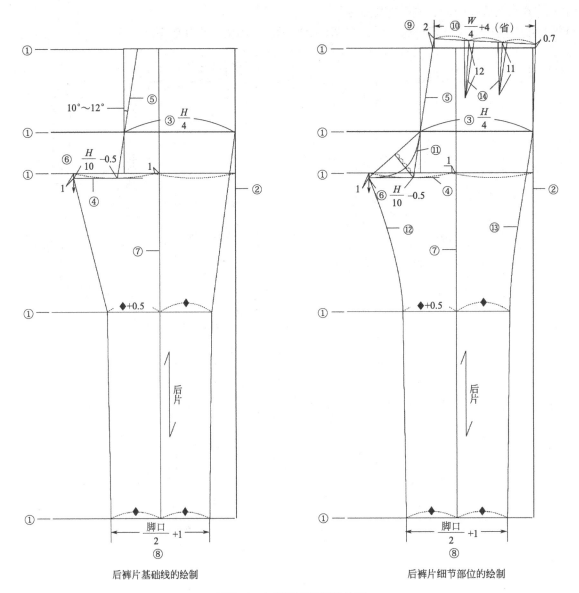

后裤片基础线的绘制　　　　　后裤片细节部位的绘制

图5-4　女筒裤后片纸样绘制

① 延长前片横向上的基础线，即上平线、臀围线、横裆线、中裆线、脚口线。

② 绘制后片裤长辅助线。

③ 绘制臀围大控制线。

④ 绘制后落裆线：下落前横裆辅助线0.5～1cm，根据前后内侧缝差值进行调整。

⑤ 绘制后中心线：由臀大点向上平线方向作10°的角斜线交于上平线，并向下延长至后落裆线，如图5-4所示。后中心线的倾斜角度设计：一般裙裤类为0°（根据裤子裆部的贴体程度而定）；一般宽松裤类为0°～5°；较宽松裤类为5°～10°；较贴体裤类为10°～15°（常用值10°～12°）。这些数值并不绝对，具体问题具体分析，一切以款式变化而论。

⑥ 绘制后裆宽：取$H/10-0.5$cm。注意：根据款式的合体度进行调整。

⑦ 绘制挺缝线（烫迹线）：取后横裆大的1/2向外侧缝偏移1cm（调整裤子裆部的松度），可根据款式变化略微调整。

⑧ 绘制脚口大：取脚口/2+1cm，以挺缝线为中点左右平分。

（4）后裤片细节部位的绘制

后裤片细节部位绘制如图5-4所示，具体操作步骤如下。

① 绘制后中心线起翘：将后中心线过上平线向上延长2cm（裤型松紧度的影响）。

② 绘制腰围：在上平线上以后中心线为起点向侧缝反方向取$W/4+4$cm（省量）。W为成品尺寸，省量大小可依据具体款式具体分析。

③ 绘制后裆弯线：连接臀围大与后裆宽点并将其修顺。

④ 绘制内侧缝线：将后裆宽点与脚口的连线画顺。

⑤ 绘制外侧缝线：将腰围大起翘0.7cm点与臀围大脚口大点连线并将其修顺。

⑥ 绘制腰线省道：将腰围线3等分取其等分点作省大2cm，分别取省长11cm、省长12cm。

调整各部位曲线，完成后裤片的绘制。以挺缝线为中点在绘制内、外侧缝的时候，左右中裆大应相等。

（5）裤腰、裤襻纸样绘制

裤腰、裤襻的纸样绘制如图5-5所示，具体操作步骤如下。

① 绘制裤腰：腰宽为3.5cm，长为W＋搭门量（4cm）＝74cm。由于腰面和腰里都是一体，将其双折，腰头宽为7cm。在腰头处加上底襻宽度4cm，即确定腰头的长度和宽度。

② 裤襻的确定：裤襻宽为1cm，长为6.5cm；裤襻数量根据裤子的款式而定。

图5-5　女筒裤裤腰、裤襻的绘制

（6）口袋的纸样绘制

口袋的纸样绘制如图5-6所示，具体操作步骤如下。

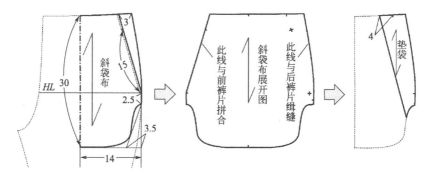

图5-6　斜插袋结构制图

绘制侧缝斜插袋：在前侧缝弧线上，由上平线与侧缝弧线的交点向前中心方向量取3cm，作为侧缝斜袋位的起点，从此点起和臀围线与侧缝弧线的交点连一条斜线，在这条斜线上由臀围线与侧缝弧线的交点量取15cm为袋口大。袋布宽是由侧缝腰节点向前中腰节点取12～14cm，要满足手的宽度而加松量；袋布深度取30～33cm，以满足插手的舒适度。

（四）女直筒裤裁剪样板的制作

裁剪样板又称为服装纸样，是指根据款式与尺寸要求，通过计算，将组成服装的裁片绘制在纸上。

在做服装裁剪纸样设计时，要考虑到后续制作活动问题，因此绘制完服装纸样必须做成能方便缝制的样板。

纸样制作是指对某些部位纸样结构进行修正，使之可以达到美化人体、方便排料、节省用料等目的。

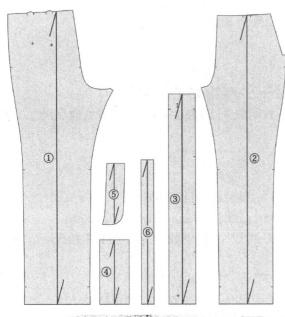

图5-7　样板纱向线的标注

1.检验纸样

检验纸样是为了确保裤子的制作能顺利完成，主要检查项目如下。

（1）检查缝合线长度

部分缝合线最终都应保持相等关系，如裤片中侧缝线的长度。

（2）纱向线的标注

纱向线用于描述机织织物上经向纱线的纹路方向。

经向纱线指织物长度方向上的纱线（与布边平行的称之为经向），而纬纱向指织物宽度方向的纱线。

纱向线通常以双箭头"$\longleftrightarrow$"符号表示，有些有倒顺毛或倒顺格纹的面料采用单箭头"$\longrightarrow$"符号。

纱向线的标注用以说明裁片排板的位置。裁片在排料裁剪时首先要通过纱向线来判断摆放的正确位置，其次要通过箭头符号来确定面料的状态，如图5-7所示。

2.缝份的加放方法

服装结构制图完成后，应在净样板的基础上根据需要加放必要的缝合的量，称之为缝份，并对样板进行复核修正。不带有缝份的样板称为净样板，它起到对纸样的修正和固定成衣造型的作用，但它绝不能作为生产纸样。

修改结构制图后，需做出净样板纸样的缝份，并沿纸样缝份的边线将之剪下，称为生产样板（毛板），即带有缝份的纸样。

缝份的加放是为了满足服装衣片缝制的基本要求，样板缝份的加放受多种因素影响，如款式、部位、工艺及使用材料等，在放缝份时要综合考虑。

服装样板缝份加放遵循平行加放原则如下。

① 在侧缝线等近似直线的轮廓线缝份加放1～1.2cm。

② 在曲度较大的轮廓线缝份加放0.8～1cm。

③ 折边部位缝份的加放量根据款式不同，变化较大。裤子的裤口折边有两种形式：一个是单明线下摆折边；另一个是双明线下摆折边。市场上的许多裤子一般都以单明线折边为主，折边量约为2cm。如图5-8所示。

3.女直筒裤样板的制作

为了更清晰地介绍样板缝份的方法，现以直筒裤为例说明服装净样放缝的基本方法。

（1）面板缝份的确定

在服装结构制图过程中，由于采用的服装工艺不同，所放的缝份、折边量也不相同。不同的缝合方式对缝份的量也有不同的要求。

常用的缝合结构方式有平缝、来去缝、内外包缝等。如平缝是一种最常用的、最简便的缝合方式，其合缝的放缝量一般为0.8～1.2cm，对于一些较易散边、疏松布料在缝制后将缝份重叠在一起锁边1cm，在缝制后将缝份分缝的常用量为1.2cm，来去缝的缝份为1.4cm，假如包缝宽为0.6cm，被包缝应放0.7～0.8cm缝份，包缝一层应放1.5cm缝份。

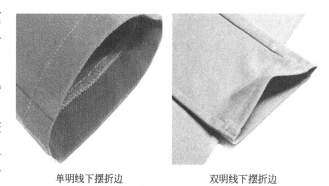

单明线下摆折边　　　　双明线下摆折边

图5-8　下摆折边的量的设定

折边的处理不同也会影响服装结构制图，通常折边的处理有门襟止口、里襟止口、衣裙底边、袖口、脚口、无领的领圈、无袖的袖窿等。对于服装的折边（衣裙下摆、裤口等）所采取的缝法，一般有两种情况：一是锁边后折边缝；二是直接折边缝。锁边折边缝的加放缝即为所需折边的宽，如果是平摆的款式，直筒裤一般为3～4cm，如图5-8所示。

（2）里板缝份的确定

除了一些高档的毛料西裤或筒裤需要加放里料外，通常一般的裤子是不需要放置里料的。一些面料比较松散的粗纺呢需要在膝盖处放置裤膝绸，以防止膝盖部位在长期穿用的过程中会起包。

为了适应面料的伸展和活动，里料应留出松量，其松量的给法是在裁剪时里料比面料的缝份多出0.3～0.5cm，缝合里料时比净板位置的记号少缝0.3～0.5cm，其少缝的量作为褶（俗称"掩皮"）的形式出现，在穿着的时候起到松量的作用。

（3）衬板缝份的确定

在裤口、袋口等处粘贴黏合衬。衬的缝份为防止黏合衬渗漏，需比缝份小0.2～0.3cm；为使裤腰看起来更挺实，在裤腰面料上使用加强衬，加强衬也可不留缝份。

（4）下摆反切角的处理

下摆缝份放量一般加放3～4cm，为保证下摆的圆顺，下摆要随着侧缝进行起翘，其弧度构成近似扇形的下摆；在缝制时要向裤片进行扣折，因此应使缝份的加放满足缝制的需要，即以下摆折边线为中心线，根据对称原理做出放缝线，在下摆折边处要注意反切角的处理，如图5-9所示。

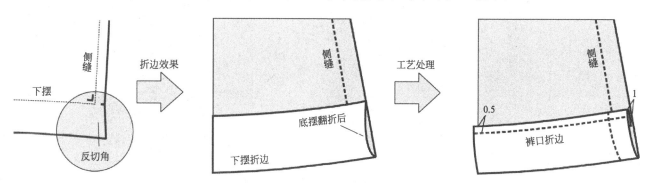

图5-9　反切角的结构设计及裤口折边工艺处理示意图

（5）复核全部纸样

复核后的纸样通过裁剪制成成衣，用来检验纸样是否达到了设计意图，这种纸样称为"头板"。虽然结构设计是在充分尊重原始设计资料的基础上完成的，但经过复杂的绘制过程，净样板与目标会存在一定的误差，因此，应在净样板完成后对样板规格进行复核修正，如图5-10所示。

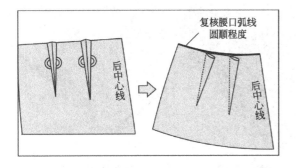

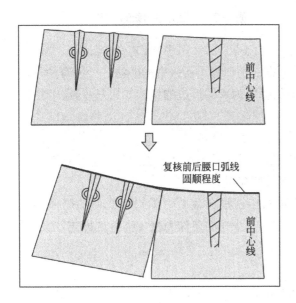

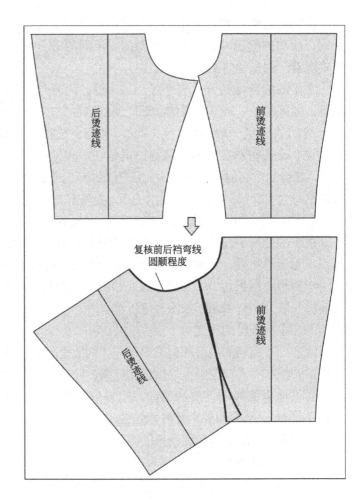

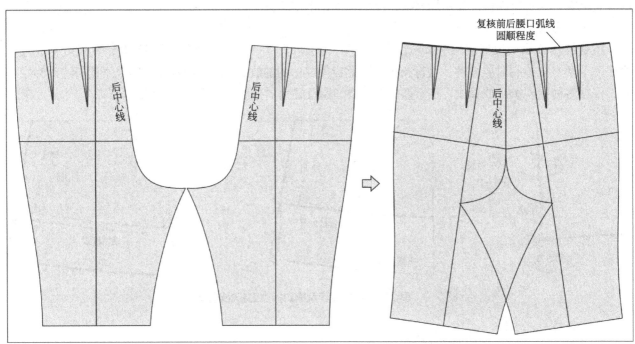

图5-10　裁片复核

（6）女直筒裤样板的制作

女直筒裤工业样板的制作，如图5-11～图5-14所示。

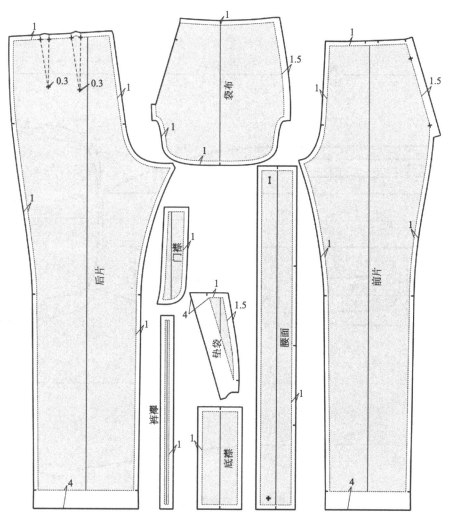

图5-11　女直筒裤面板的缝份加放

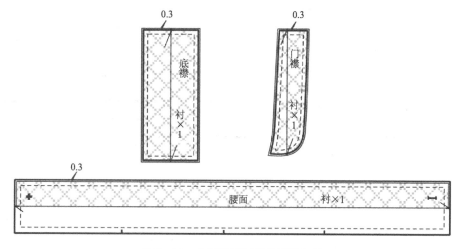

图5-12　女直筒裤衬料的缝份加放

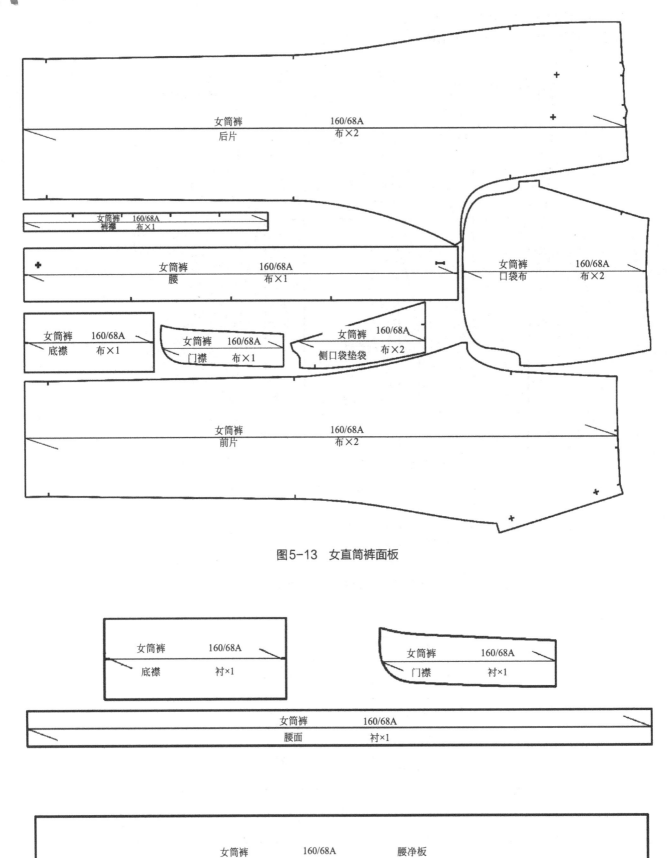

图5-13 女直筒裤面板

图5-14 女直筒裤裤腰衬板、净板

二、女锥形裤

（一）女锥形裤款式说明

1.款式特征

这些年流行的女锥形裤多以中腰或高腰为主，其最为流行的穿法是将上衣下摆束进裤腰里面，无论是宽松T恤还是挺括衬衫，这样做都可以在视觉上有效地拉长下半身实际比例。倘若是全长款的，可以将裤脚卷起几层，以达到更加修身的效果，这也是最新流行的穿法。倘若在腰间加上一条很有讲究的细腰带则能够为宽松的锥形裤起到画龙点睛的收拢视觉作用。

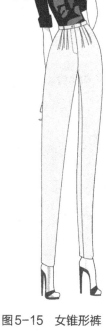

锥形裤是指轮廓保持锥子形状的裤子，它在腰围部分作褶裥，使之在腰围和臀围部分宽敞，呈现较多的臀围放松量，而裤口部位则逐渐收小变窄，形成类似锥子或萝卜状，故也称萝卜裤。锥形裤前片的腰褶量与臀部的放松量成正比，当裤口小于踝围尺寸时，为了穿脱方便宜在裤口设计开衩或绱拉链。本款裤子属于基本款锥形裤，适合各类人群穿着，不分季节性，特点：腰围收褶裥，臀围加大放松量，脚口收窄等基本形式。如图5-15所示。

（1）裤身构成

将臀围松量加大、中档、脚口收窄；前裤片腰围收2个褶裥，后片收2个省，前开襟，上拉链的裤型结构。

（2）裤腰里

绱腰头里，右搭左，在腰头处锁扣眼，钉纽扣。

（3）拉链

拉链缝合在裤子前中心线上，长度在19～21cm，颜色应与面料色彩保持一致。

（4）纽扣

用于腰口处，直径为1cm的树脂扣。

图5-15　女锥形裤效果图

2.女锥形裤结构原理分析

筒形裤以几何"长方形"来描述，而锥形裤则可以用"倒梯形"来描述。建立锥形裤的廓型：裤长不宜超过踝骨点；裤口尺寸较筒裤窄，仅满足踝围尺寸，当锥形裤裤口围度小于踝围尺寸时，在裤子侧缝需加开衩处理，由此看来，锥形裤的造型是有意识造成宽臀、裤口收窄的效果。

（二）女锥形裤面料、辅料的准备

制作一条裤子首先要了解和购买裤子的面料、里料和辅料，下面将详细介绍面、辅料的选择以及常用量，见表5-4。

表5-4　女锥形裤面料、辅料的准备

| 常用面料 |  | 本款女锥形裤根据不同季节和穿用目的的分别选用不同类型的面料进行裤装设计。从季节来分，春夏裤料多采用薄型织物，如凡立丁、凉爽呢、卡其、中平布、亚麻布以及丝织品等，而秋冬季则多选全毛或毛涤混纺织物、纯化纤织物、全棉织物等。面料幅宽：144cm、150cm或165cm基本估算方法：裤长＋缝份5cm，如果需要对花、对格子时应当追加适当的量 |

常用辅料	衬	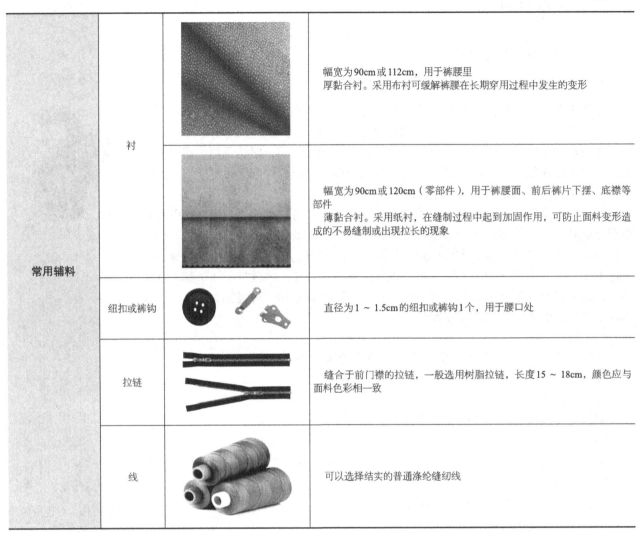	幅宽为90cm或112cm，用于裤腰里 厚黏合衬。采用布衬可缓解裤腰在长期穿用过程中发生的变形
			幅宽为90cm或120cm（零部件），用于裤腰面、前后裤片下摆、底襟等部件 薄黏合衬。采用纸衬，在缝制过程中起到加固作用，可防止面料变形造成的不易缝制或出现拉长的现象
	纽扣或裤钩		直径为1～1.5cm的纽扣或裤钩1个，用于腰口处
	拉链		缝合于前门襟的拉链，一般选用树脂拉链，长度15～18cm，颜色应与面料色彩相一致
	线		可以选择结实的普通涤纶缝纫线

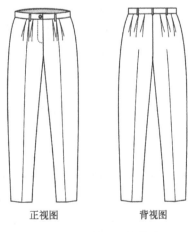

正视图　　　　　背视图

图5-16　女装锥形裤款式图

（三）女锥形裤结构制图

准备好制图工具，包括测量好的尺寸表，画线用的直角尺、曲线尺、方眼定规、量角器，测量曲线长度的卷尺。

作图纸的选择是四六开的牛皮纸（1091mm×788mm），易于操作并且大小合适，制图时要选择纸张光滑的一面，便于擦拭，不易起毛破损。

1.制定女装锥形裤成衣尺寸

按照所需要的人体尺寸，先制定出一个尺寸表，这里按照我国服装规格160/68A作为参考尺寸，举例说明，如表5-5所示。

表5-5　女锥形裤成衣规格　　　　　　　　　　　　　单位：cm

部位名称	裤长	腰围	臀围	脚口	立裆	腰头宽
规格尺寸	100	72	116	32	30	3.5

2.女装锥形裤裁剪制图

锥形裤属于裤型结构中典型的基本纸样。其款式的基本特征如图5-16所示。基础裤子框架结构线的绘制可参考图5-4（前片）和图5-5（前片）进行绘制。

（1）前片基础线的绘制

前片基础线的绘制如图5-17所示，具体操作步骤如下。

① 绘制上平线、横裆线、脚口线。

② 绘制前片裤长辅助线。

③ 绘制臀围线：上平线至横裆线的下1/3。裆为标准的立裆尺寸时，可这样取值。

④ 绘制中裆线：取臀围线至脚口线的1/2向上4cm点做平行于上平线的中裆线。大概值，具体款式需具体分析。

⑤ 绘制臀围宽线：取H/4。H为成品尺寸，具体款式需具体分析。

⑥ 绘制前裆宽：取0.4H/10。注意：可根据裤子的合体度进行合理取值。

⑦ 绘制挺缝线（烫迹线）：取前横裆大的1/2。根据款式变化可略微调整。

⑧ 绘制脚口大：取脚口/2-2cm，以挺缝线为中点左右平分。

（2）前裤片细节及门襟、底襟部位的绘制

前裤片细节及门襟、底襟的绘制如图5-17所示，具体操作步骤如下。

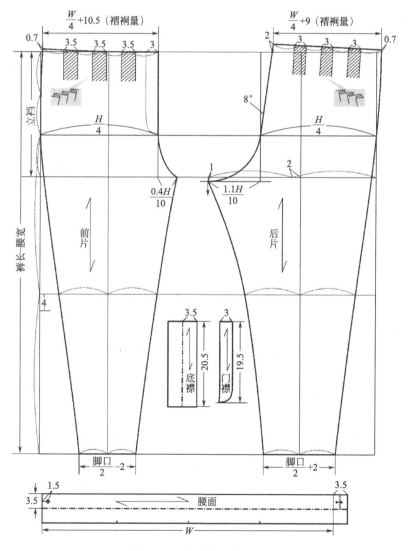

图5-17　女装锥形裤结构图

① 绘制前中心线：由于此款裤子较为宽松，腹凸影响不大，因此本款裤子前中心线与腰围处不需要内劈量。

② 绘制腰围线：在上平线上由前中线线至腰围线的交点向侧缝取 $W/4+9cm$（褶裥量）交于侧缝起翘 0.7cm（体型因素）处。W 为成品尺寸，具体款式需具体分析。

③ 绘制前裆弯线：延长前中心线并交于前裆宽点并将其修顺。

④ 绘制内侧缝线：依次连接脚口大、中裆大、前裆宽点，并将其修顺。

⑤ 绘制外侧缝线：以腰围侧缝起翘点为起点连接臀围大点与脚口大点并将其修顺。

⑥ 绘制腰线褶裥：将前腰围三等分，取等分点（两个）各作3cm的褶裥量。

⑦ 绘制前门襟：门襟宽为3cm，长为19.5cm。

⑧ 绘制前底襟：底襟宽为3.5cm，长为20.5cm。

调整各部位曲线，完成前片的绘制。

以挺缝线为中点在绘制内、外侧缝线的时候，左右中裆大应相等。

（3）后裤片的绘制（在前片的基础上）

后片绘制如图5-17所示，具体操作步骤如下。

① 后片起翘、后裆斜线及后裆弯的确定：后裆倾斜角为8°向上延长（后起翘）2cm（裤子越宽松后裆斜线倾斜角越小，后起翘量越小；裤子越紧身后裆斜线就越大，后起翘量越大），此线与臀围线的交点是后裆弯起点，此点至后腰起翘点的连线为后中心线；后裆宽取 $1.1H/10$。确定后裆宽点后将此点与后中心线连接并将此弧线修顺即为后裆弯线。

② 后腰线的确定：在上平线上，由后腰起翘点向侧缝方向量取 $W/4 + 10.5cm$（褶裥量），并与前片腰侧点一样起翘0.7cm，修顺后腰线即可。

③ 后腰褶裥位置、后腰褶裥量大的确定。在后腰线上将后腰线平分四等份，取其等分点（三个）作垂直于后腰线的褶裥平分点，每个褶裥量为3.5cm。

④ 后挺缝线的确定：将后横裆大平分两等分，取其等分点并向外侧缝向平移2cm（增加上裆的活动量）做垂直于上平线的后挺缝线（烫迹线）。

⑤ 后臀宽、中裆宽及后脚口宽的确定：后臀围宽为 $H/4$。中裆宽：延长前片中裆线交于后挺缝线并将后裤片以挺缝线为基准左右平分。后脚口宽：取脚口 $/2+2cm$（前后互借）。

⑥ 后内缝线、后侧缝线的确定。分别将后侧缝与后内缝中的轨迹点用圆顺的曲线连接，完成后裤片。

（4）裤腰的纸样绘制

绘制裤腰如图5-17所示，腰宽为3.5cm，长为 $W+$ 搭门量（3.5cm）$=75.5cm$。由于腰面和腰里都是一体，将其双折，腰头宽为7cm。在腰头处加上底襟宽度3.5cm，即确定腰头的长度和宽度。

3.本款直筒裤样板的制作

本款锥形裤工业板的制作，如图5-18～图5-21所示。

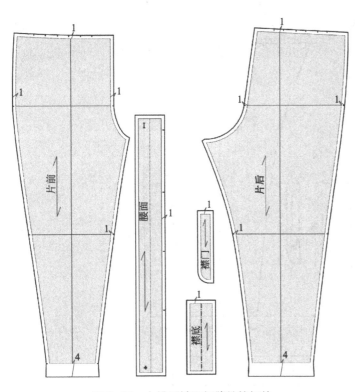

图5-18　女锥形裤面板缝份的加放

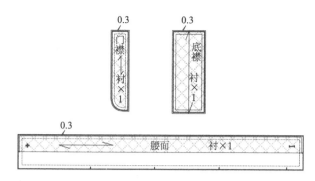

图5-19 女锥形裤衬料的缝份加放

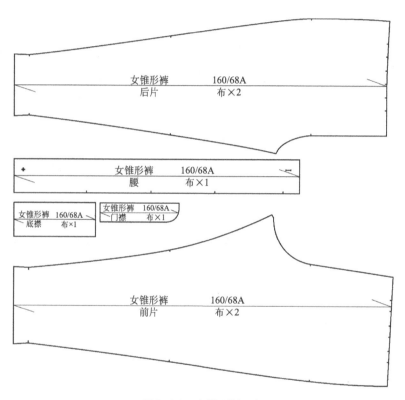

图5-20 女锥形裤面板

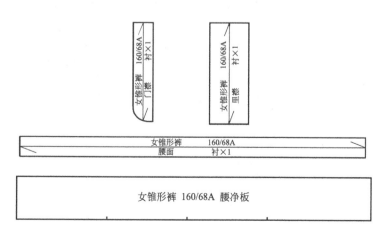

图5-21 女锥形裤衬板

三、低腰喇叭裤

（一）低腰喇叭裤款式说明

1.款式特征

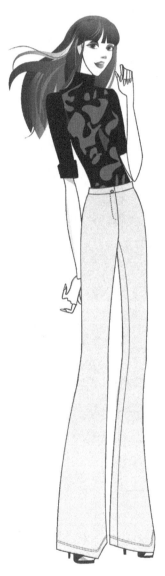

喇叭裤是指通过展宽裤脚以形成上窄下宽的帐篷形轮廓特征的裤子总称，能使人体下身修长。喇叭裤对体型是比较挑剔的，穿着者的臀部不能过大，大腿不能太粗，否则只会令缺点更加明显。而只要是粗细适中的腿形，穿上小喇叭裤都能勾勒出腿部美丽的线条。穿略带弹性的纯棉微型喇叭裤，能很好地体现臀部和腿部的曲线美，让腿看起来又直又长，故喇叭裤特别为广大的年轻女性所喜爱。

本款低腰喇叭裤的穿用范围很广，多作为时装和日常装来穿用，搭配随意，多与衬衫、风衣、皮草、宽松式毛衣、西装等互相衬托。设计制作喇叭裤的面料除了不要使用感觉很厚的面料之外，一般裤子用平纹或毛料均可，如图5-22所示。

（1）裤身构成

前裤片腰口不收褶裥或省，后片拼接育克，前开襟，上拉链、绱腰头。

（2）裤腰

绱腰头，左搭右，在腰头处锁扣眼，装订四件扣。

（3）拉链

拉链缝合于裤子前中心处，长度在14～16cm，颜色应与面料色彩相一致。

（4）纽扣

用于腰口处，直径为1cm的四件扣一套。

2.低腰喇叭裤的原理分析

筒形裤以几何"长方形"来描述，而喇叭裤则可以用"正梯形"来描述，喇叭裤轮廓造型的设计变化是通过移动中档线位置的高低以及增宽裤口的大小来实现的。首先建立喇叭裤的廓型：喇叭裤由于裤口加大，是三种基型裤中裤长最长的一种裤型，喇叭裤的裤长可以从宽口筒裤裤长

图5-22　女低腰喇叭裤效果图

一致，距地面2cm。由于裤长较长，在裤口线的设计上要满足部的基本形态，形成前短后长的状态。其次喇叭裤为无省结构设计，因此要降低腰线，消减臀腰差。

喇叭裤多为紧身设计，由于其臀部合体，使得腰臀差相对较小，在前裤片上将剩余的前腰省可以直接转移到侧缝消减，从而形成无省结构形式；在后裤片上后腰省也可保留或转移至育克中，如图5-23所示。

（二）低腰喇叭裤面料、辅料的准备

制作一条裤子首先要了解和购买裤子的面料、里料和辅料，下面将详细介绍面、辅料的选择以及常用量，见表5-6。

表5-6　女喇叭裤面料、辅料的准备

常用面料			本款女喇叭裤根据不同季节和穿用目的分别选用不同类型的面料进行裤装设计。从季节来分，春夏裤料多采用薄型织物，如凡立丁、凉爽呢、卡其、中平布、亚麻布以及丝织品等，而秋冬季则多选全毛或毛涤混纺织物、纯化纤织物、全棉织物等 面料幅宽：144cm、150cm或165cm 基本估算方法：裤长＋缝份5cm，如果需要对花、对格子时应当追加适当的量
常用辅料	衬		幅宽为90cm或112cm，用于裤腰里 厚黏合衬。采用布衬可缓解裤腰在长期穿用过程中发生的变形
			幅宽为90cm或120cm（零部件），用于裤腰面、前后裤片下摆、底襟等部件 薄黏合衬。采用纸衬，在缝制过程中起到加固作用，可防止面料变形造成的不易缝制或出现拉长的现象
	纽扣或裤钩		直径为1～1.5cm的纽扣或裤钩1个，用于腰口处
	拉链		缝合于前门襟的拉链，一般选用树脂拉链，长度15～18cm，颜色应与面料色彩相一致
	线		可以选择结实的普通涤纶缝纫线

（三）低腰喇叭裤结构制图

准备好制图工具，包括测量好的尺寸表，画线用的直角尺、曲线尺、方眼定规、量角器，测量曲线长度的卷尺。

作图纸的选择是四六开的牛皮纸（1091mm×788mm），易于操作并且大小合适，制图时要选择纸张光滑的一面，便于擦拭，不易起毛破损。

1.制定低腰喇叭裤成衣尺寸

按照所需要的人体尺寸，先制定出一个尺寸表，这里按照我国服装规格160/68A作为参考尺寸，举例说明，如表5-7所示。

正视图　　　　　　　　　　背视图

图5-23　低腰喇叭裤款式图

表5-7　低腰装喇叭裤成衣规格　　　　　　　　　　单位：cm

部位名称	裤长	腰围	臀围	脚口	中档	腰头宽
规格尺寸	100	81	94	48	40	3.5

2.低腰喇叭裤裁剪制图

低腰喇叭裤属于裤型结构中典型的基本纸样，这里将根据图例分步骤进行制图说明。

（1）建立低腰喇叭裤的框架结构

低腰喇叭裤纸样裁剪图的框架绘制如图5-24所示，具体步骤如下。

① 裤子辅助线位置的确定：将裤子按照原型法确定出来腰围辅助线、臀围辅助线、横档辅助线、中档辅助线、烫迹线、脚口辅助线。

② 裤长辅助线（前侧缝辅助线）的确定：成品裤长（100cm）＋5cm＝105cm。

③ 脚口辅助线的确定：做水平线与裤长辅助线垂直相交，且与原型腰围辅助线保持平行。

④ 前中档线的确定：按横档线至裤口辅助线的1/2向上抬高10cm，并且平行于脚口辅助线，确定前中档线。

⑤ 前烫迹线的确定：将横档线四等分，每等份用"○"表示。将靠近前中心2/4的一份再作三等分，用"□"表示，在靠近前侧缝的□/3做垂直于横档线、臀围辅助线的垂直线并上交于腰围辅助线，下至裤口辅助线，该线即前后烫迹线。

⑥ 前臀围值的确定：臀围线上取$H/4 = 23.5cm$即可。

⑦ 前档宽线的确定：从前中心线与横档线的交点起作横档线的延长线，延长线的宽度为$0.4H/10-1cm \approx 4cm$为前档弯宽度。

⑧ 成品前腰围辅助线的确定：腰围辅助线与横档深线的交点起向侧缝辅助线方向量取18cm，由该点作平行线平行于臀围辅助线。

⑨ 后片裤长辅助线、腰围辅助线、脚口辅助线、立档深线位置的确定：后片裤长辅助线、腰围辅助线、脚口辅助线、立档深线的确定是与前片保持一致。

⑩ 后臀围线、后中档线位置的确定：后臀围线、后中档线位置的确定与前片保持一致。

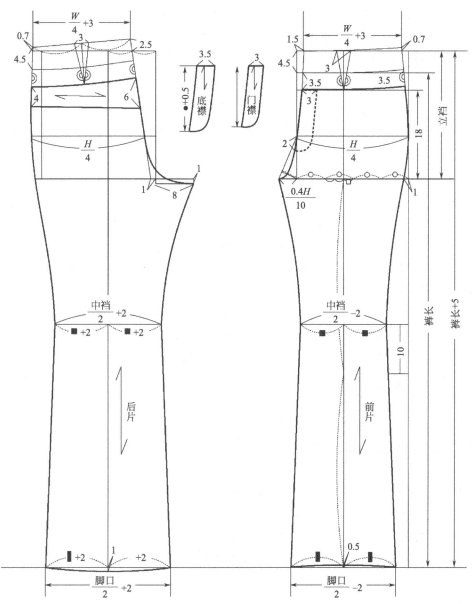

图5-24　低腰喇叭裤结构制图

⑪ 后臀围宽值的确定。臀围线上，以烫迹线不变的情况下，确定后中心线与臀围线的交点并在臀围线上取H/4＝23.5cm即可。

（2）低腰喇叭裤的结构制图步骤

① 前裆内偏量的确定：由前裆辅助线与腰围辅助线的交点起向侧缝方向偏进1.5cm，将前裆斜线（前中心线）画圆顺。

② 前腰围尺寸的确定：由前中心线偏进1.5cm起，量取前腰围大＝W/4＋省（3cm）＝20.5cm。

③ 前脚口尺寸、前脚口线的确定：在脚口辅助线上，按脚口/2-2cm＝22cm，以前烫迹线为中点在两侧平分，以"■"表示；由前烫迹线与脚口辅助线的交点向腰围线方向量取0.5cm，最后将前脚口尺寸的内外缝点和0.5cm点连线，绘制出前脚口线。

④ 前中裆大尺寸的确定：在中裆辅助线上，按中裆/2-2cm＝18cm，以前烫迹线为中点在两侧平分，以"■"表示。

⑤ 前裆弯弧线的确定：过前裆宽点做臀围线的垂直线，由该点和前裆直线延长线与横裆线交点连线，

将改线段三等分，由前裆斜线与臀围线交点过靠近横裆线的1/3点至前裆宽点画圆顺。

⑥ 前侧缝弧线的确定：由侧缝线起翘0.7cm点至侧缝辅助线与臀围线的交点至前中裆大外缝点至脚口大外缝点连接画圆顺，即前侧缝弧线。

⑦ 前下裆弧线的确定：确定前裆宽线与横裆线交点，与横裆线交点至脚口大内缝点连接画圆顺，即前下裆弧线。

⑧ 成品前腰线的确定：由成品前腰围辅助线起做平行于前腰围辅助线的平行线4.5cm，即成品前腰围线。

⑨ 成品前腰面的确定：由成品前腰线向原型腰围辅助线方向量取3.5cm宽作平行线，确定出成品前腰面。

⑩ 前侧缝弧线的确定：在前侧缝辅助线上消掉原型腰线至成品腰面宽的距离，即为前侧缝弧线。

⑪ 前省位置的确定：以烫迹线平分前省大3cm，省长至成品前腰口线。

⑫ 前门襟位置的确定：在前裆内劈势线上，做3cm的门襟宽，门襟长为"●"（由臀围线与前直裆的交点处向下量取2cm作为门襟尖点的依据）；底襟在制作时要盖住门襟，因此，长度比门襟长0.5cm，宽度比门襟宽0.5cm。

⑬ 原型后腰围尺寸的确定：过腰围辅助线将后裆斜线延长，确定后裆起翘量为2.5cm，由起翘点向腰围辅助线量取后腰围大＝$W/4$＋省（3cm）＝20.5cm，确定出后腰围线。

⑭ 后脚口尺寸的确定：在脚口辅助线上，按脚口/2＋2cm＝26cm，以后烫迹线为中点在两侧平分，确定后脚口尺寸，以"▌＋2"表示，由后烫迹线与脚口辅助线的交点向腰围线方向量取1cm，最后将后脚口尺寸的内外缝点和1cm点连线，绘制出后脚口线。

⑮ 后中裆大尺寸的确定：在中裆辅助线上，按中裆/2＋2cm＝22cm，以后烫迹线为中点在两侧平分，以"■＋2"表示。

⑯ 后裆弯弧线、落裆线的确定：在横裆线上，由横裆线与后中心辅助线的交点起作横裆线的延长线8cm，且由8cm点垂直向下1cm［后下裆线长减前下裆线长（均指中裆以上段）之差0.7～1cm］做平行于横裆线的平行线，在其基础上将后裆弯弧线画圆顺。

⑰ 后侧缝辅助弧线的确定：由原型腰围线与成品腰围线的交点至后中裆大外缝点至脚口大外缝点连接画圆顺。

⑱ 成品后腰线的确定：由成品后腰围辅助线起做平行于后腰围线的平行线4.5cm，即成品后腰围线。

⑲ 成品后腰面的确定：由成品后腰线向腰围辅助线方向量取3.5cm宽作平行线，确定出成品后腰面。

⑳ 后侧缝弧线的确定：在后侧缝辅助线上消掉腰线至成品腰面宽的距离，即为后侧缝弧线。

㉑ 后下裆弧线的确定：由后裆宽点至后中裆大内缝点至脚口大点连接画顺。

㉒ 后省位置的确定：将后腰辅助线二等分，以等分点平分后腰省大3cm，省长至后腰口线。

㉓ 后育克的确定：在后裤片上，在后侧缝弧线上由成品腰围线下脚口辅助线方向量取4cm（设计量），在后裆缝斜线上由成品腰围线向脚口方向量取6cm（设计量），连接两点确定出后育克大。

㉔ 门襟、里襟的确定：门襟长为"●"，宽为3cm，底襟长为"●＋0.5cm"，宽为7cm。

3.女低腰喇叭裤纸样的制作

基本造型纸样绘制之后，就要依据生产要求对纸样进行结构处理图的绘制，复核裤腰，完成结构处理图，如图5-25所示。最后修正纸样，修顺侧缝等，完成制图。

成品腰面的结构处理：先将结构中前、后腰面宽部分的纸样剪下，再把前后腰省拼合转移，且在侧缝处将前后腰面宽拼接在一起构成曲面腰头结构。

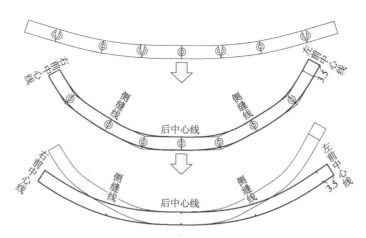

图5-25　低腰喇叭裤前后裤片结构处理图

　　曲线腰头在结构设计上需注意的问题：腰面曲度的调整和腰面长度的调整，以本款为例，前后片要合并省道后定出。前后腰复核后，腰的曲度较大，不易缝合，裁剪的时候也较废料，因此可以将曲度变小，这样腰下口的尺寸会适当变小，曲线腰头腰的上口尺寸和腰的下口尺寸由于是弧线，因此在结构上要注意纱向的作用（容易变长），为避免裤腰不出现上口大的现象，在制图时可以考虑将上口尺寸设计得小些。

　　低腰喇叭裤工业板的制作如图5-26～图5-29所示。

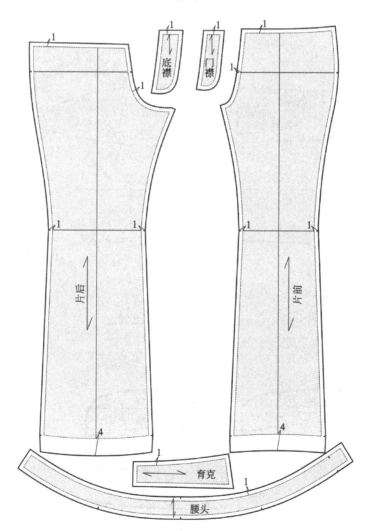

图5-26　低腰喇叭裤面板缝份的加放

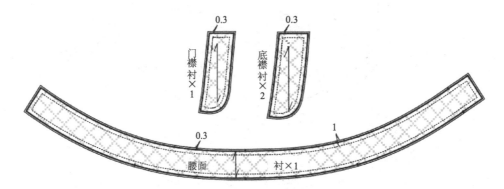

图5-27　低腰喇叭裤衬板缝份的加放

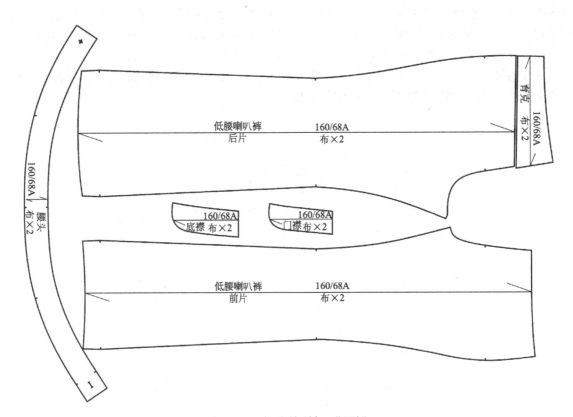

图5-28　低腰喇叭裤工业面板

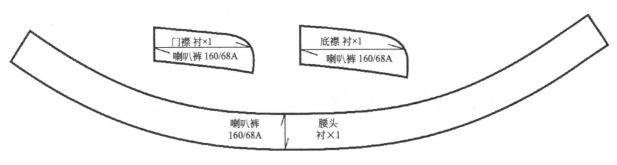

图5-29　低腰喇叭裤工业衬板

第二节 常见正装裤型裁剪与制作

一、女西裤

（一）女西裤款式说明

1.款式特征

女西裤一般是与西服配穿的春、初夏、秋、冬的下装，具有合体、庄重的特征。西裤主要在办公室及社交场合穿着，所以在要求舒适自然的前提下，在造型上比较注意与形体的协调。款式适宜年龄范围较广，由于人们的年龄、文化修养、生活习惯、性格爱好不同，可选择不同色泽的裤料。性格活泼的青年人可选用浅色面料；中、老年人则可选用深颜色面料。裤子穿在身上应显现庄重大方的效果。

女西裤用料较广泛，天然纤维和化学纤维等面料均可。春、秋、初夏季节可选用毛纺织品中的女士呢、毛凡尔丁、毛花呢、毛涤纶面料等品种，如图5-30所示。

（1）裤身构成

结构造型上，前裤片两（单）褶裥、后裤片双（单）省，侧缝直插袋，前开门，绱拉链。

（2）裤里

根据款式的需求和裤子面料的厚薄以及透明度，对裤里的要求也不尽相同，春、初夏、秋季节一般不需要裤里；冬季可以加里子，一般裤里的长度长至膝盖。

（3）腰

绱腰头，右搭左，在腰头处锁扣眼，装纽扣。

（4）拉链

缝合于裤子前开门处，装拉链，拉链长度比门襟长度短约2cm，颜色与面料色彩相一致。

（5）纽扣

直径为1cm的四件扣一套，用于腰口处。

2.女西裤结构原理分析

（1）裤型采用较贴体风格，侧缝直插袋（图5-31），前片臀围采取$H/4-1$，后片臀围采取$H/4+1$。

（2）前裤口尺寸采取脚口$/2-2$，后裤口尺寸采取脚口$/2+2$。

（3）中档按照款式需要与脚口相等或大2cm左右。

（二）女西裤面料、辅料的准备

图5-30　女西裤效果图

制作一条裤子首先要先了解和购买裤子的面料、里料和辅料，下面将详细介绍面、辅料的选择以及常使用的面、辅料购买的用量以及所使用的辅料的数量，见表5-8。

表5-8 女西裤面料、辅料的准备

常用面料		本款女西裤根据不同季节和穿用目的分别选用不同类型的面料进行裤装设计。在面料的选择上，可选择制作驼丝锦、贡丝锦，也可以选用哔叽、凡立丁、格呢，质地柔软兼具款型性的面料，造型线条光滑，服装轮廓自然舒展，根据身份不同可选用各种档次的面料 面料幅宽：144cm、150cm或165cm 基本估算方法：裤长＋缝份5cm，如果需要对花、对格子时应当追加适当的量
常用辅料	衬	幅宽为90cm或112cm，用于裤腰里 厚黏合衬。采用布衬可缓解裤腰在长期穿用过程中发生的变形
		幅宽为90cm或120cm（零部件），用于裤腰面、前后裤片下摆、底襟等部件 薄黏合衬。采用纸衬，在缝制过程中起到加固作用，可防止面料变形造成的不易缝制或出现拉长的现象
	纽扣或裤钩	直径为1cm的纽扣或裤钩1个，用于腰口处
	拉链	缝合于前门襟的拉链，一般选用树脂拉链，长度在15～18cm，颜色应与面料色彩相一致
	线	可以选择结实的普通涤纶缝纫线

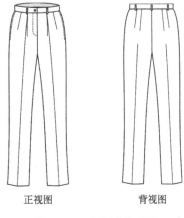

正视图　　　　背视图

图5-31　女西裤款式图

（三）女西裤结构制图

准备好制图工具，包括测量好的尺寸表，画线用的直角尺、曲线尺、方眼定规、量角器，测量曲线长度的卷尺。

作图纸的选择是四六开的牛皮纸（1091mm×788mm），易于操作并且大小合适，制图时要选择纸张光滑的一面，便于擦拭，不易起毛破损。

1.女西裤成衣尺寸

成衣规格为160/68A，依据我国通用的女装号型，即GB/T 1335.2—2008《服装号型女子》（后同）。基准测量部位以及参考尺寸如表5-9所示。

表5-9　女西裤成衣规格　　　　　　　　　　　　　　　　　　单位：cm

部位名称	裤长	腰围	臀围	脚口	立裆	腰头宽
规格尺寸	100	70	100	42	26	3.5

2.女西裤的裁剪制图

女西裤实际上属于锥形结构，它的形状轮廓是以人体结构和体表外形为依据而设计的，其结构设计方法较多。西裤属适身形，它的特点是适身合体，裤的腰部紧贴人体，腿部、臀部稍松，穿着后外形挺拔美观。本款西裤裤腰为装腰形直裤腰，前裤片腰口为左右反褶裥各两个，前袋的袋型为侧缝直袋，后裤片腰口收省各两个，前中心线开口处绱拉链。如图5-32所示。

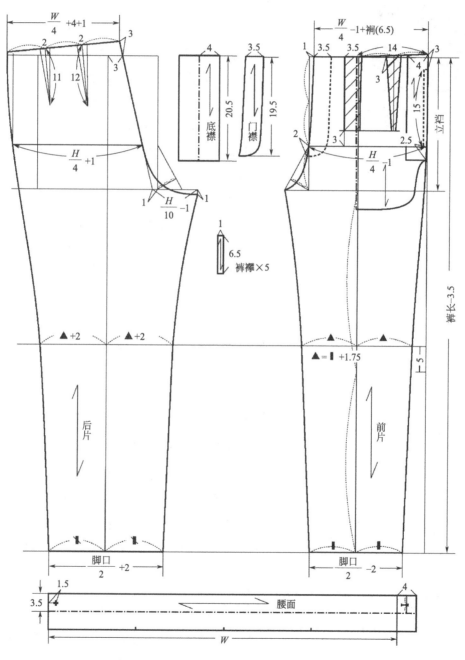

图5-32　女西裤结构图

二、女西式短裤

（一）女西式短裤款式说明

1.款式特征

西式短裤是夏季青年女性青睐的时尚裤之一，它是通过裤子裆部结构变化来设计不同款式的。款式特点是裤长较短，臀围松量适宜，凸显女性身材的曲线美。

结构造型特征：前片腰口有褶裥，侧（或斜）插袋，前开门，绱拉链；后片两个省。

本款女西式短裤款式适宜范围较广，由于人们的年龄、文化修养、生活习惯、性格爱好不同，可选择不同色泽的短裤料。性格活泼的青年人多可选用色泽艳丽的印花面料；性格恬静、文雅的青年人，一般可选用素浅色面料；依据季节的不同，还可选用花型素雅的面料和深颜色面料。尤其夏季面料不宜过薄，过薄则透。短裤穿着在身上应显现青春、活泼的效果。如图5-33所示。

（1）短裤身构成

结构造型上为前裤片有双（或单）褶裥、后裤片为双（单）省，侧缝直插袋，前开门，绱拉链。

（2）腰

绱腰头，左搭右，在腰头处锁扣眼，装纽扣。

（3）拉链

缝合于裤子前开门处，装拉链，长度比门襟长度短2cm左右，颜色与面料色彩相一致。

（4）纽扣

用于腰口处，直径为1cm的四件扣一套。

2.女西式短裤结构原理分析

① 西式短裤是正装基本裤型中的一种（图5-34），因此，其各部位的设计具有一定的严格性。

② 西式短裤的样板设计不宜过短，以免破坏其庄重性。

③ 西式短裤的面料选择较为素雅，不宜花哨，不宜单薄。

④ 西式短裤的制作工艺需严谨规矩。

（二）女西式短裤面料、辅料的准备

制作一条裤子首先要了解和购买裤子的面料、里料和辅料，下面将详细介绍面、辅料的选择以及常用量，见表5-10。

图5-33　女西裤效果图

表5-10　女西式短裤裤面料、辅料的准备

常用面料			夏季一般选用具有悬垂性较好的面料，比如棉麻布、水洗布、呢绒等；秋冬季可选用中厚织物面料，比如毛纺织品中的女士呢、毛凡尔丁、毛花呢、毛涤纶面料等。面料幅宽为144cm、150cm或165cm 　　基本估算方法：裤长＋缝份5cm，如果需要对花、对格子时应当追加适当的量
常用辅料	衬		幅宽为90cm或112cm，用于裤腰里 厚黏合衬。采用布衬可缓解裤腰在长期穿用过程中发生的变形
			幅宽为90cm或120cm（零部件），用于裤腰面、前后裤片下摆、底襟等部件 薄黏合衬。采用纸衬，在缝制过程中起到加固作用，可防止面料变形造成的不易缝制或出现拉长的现象
	纽扣或裤钩		直径为1～1.5cm的纽扣或裤钩1个，用于腰口处
	拉链		缝合于前门襟的拉链处，一般选用树脂拉链，长度为15～18cm，颜色应与面料色彩相一致
	线		可以选择结实的普通涤纶缝纫线

（三）女西式短裤结构制图

准备好制图工具，包括测量好的尺寸表，画线用的直角尺、曲线尺、方眼定规、量角器，测量曲线长度的卷尺。

作图纸的选择是四六开的牛皮纸（1091mm×788mm），易于操作并且大小合适，制图时要选择纸张光滑的一面，便于擦拭，不易起毛破损。

1.制定女西式短裤成衣尺寸

成衣规格为160/68A，依据我国通用的女装号型，即GB/T 1335.2—2008《服装号型女子》。基准测量部位以及参考尺寸如表5-11所示。

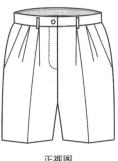
正视图

背视图

图5-34　女西式短裤款式图

表5-11　女西裤成衣规格　　　　　　　　　　　　　　　　　　　　单位：cm

部位名称	短裤长	腰围	臀围	腰长	立裆	腰头宽
规格尺寸	35～40	70	100	18	25	3.5

2.女西式短裤的裁剪制图

女西式短裤的裁剪制图步骤如下。如图5-35所示。

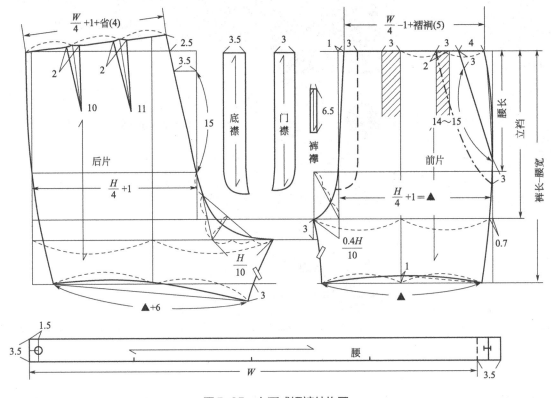

图5-35　女西式短裤结构图

① 后片落裆量比西裤大，一般可取2～3cm。

② 裤型采用较贴体风格，侧缝直插袋，前片臀围H/4-1，后片臀围H/4+1。

③ 脚口前后差较大，依据裤长的不同，其大小可按照实际测量加放。前裤口尺寸取前片臀围尺寸；后裤口尺寸比前裤口尺寸大6cm。

④ 脚口线应依据侧缝线和下裆缝线的状态做直角处理，用弧线画圆顺。

第三节　经典休闲裤型范例

一、正常腰牛仔裤

（一）正常腰牛仔裤款式说明

1.款式特征

牛仔裤源于美国，是一种用靛蓝色粗斜纹布裁制的直裆、窄腿、包臀长裤。在美国已流行了百余年，品种甚多。在初期，牛仔裤只是一种质地粗硬且坚牢耐用的工作服装而已，经过纺、织、印染的不断努力和改进创新，牛仔裤由最初的粗硬简单演变为织、色、款的多样化，深受青年男女的欢迎。牛仔裤上的很多设计都是独特的。早期，顾客们经常反映口袋因缝线磨损而脱落的问题。雅克·戴维斯发明了用金属铆钉来对男装工作裤后袋进行加固的方法，经典的牛仔裤样式包括靛蓝色、纯棉斜纹布料、臀部紧贴的后育克设计、中低腰低裆设计、拷纽、缉明线等装饰设计，四袋款牛仔裤和五袋款牛仔裤、保证皮标以及后袋小旗标设计等。板型也从最早的直筒型发展出了修身、小脚、小直筒、哈伦、休闲、商务、连体、复古、喇叭等各种新种类。牛仔布后整理工艺是使牛仔布具有独特风格的关键工序，洗水质量和档次是决定一条牛仔裤品质的主要因素。通常，高档牛仔裤洗水会处理的相对复杂，手工较多，而且洗水设计会比较有特点。本款式的特点是直筒造型，臀部收紧，以凸显出女性臀部的曲线美，腹部收紧，穿着舒适，美丽大方，如图5-36、图5-37所示。

（1）裤身构成

前片腰口裁片分割，后片拼育克，前插侧缝为月牙袋，后片贴袋，各部位缝缉双明线，前开门，上拉链。

（2）腰

绱腰头，左搭右，并且在腰头处锁扣眼，装订工字型纽扣。

（3）拉链

缝合于裤子前开门处，绱拉链，长度比门襟长度短约2cm，颜色与面料色彩一致。

（4）纽扣

用于腰口处，直径为1.5cm的二合扣1粒。

2.正常腰牛仔裤结构原理分析

本款服装设计的重点有两个。

① 牛仔裤前片腰口部位的裁片分割设计。

② 牛仔裤后育克的设计。

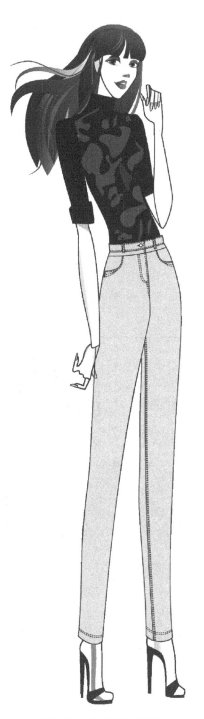

图5-36　牛仔裤效果图

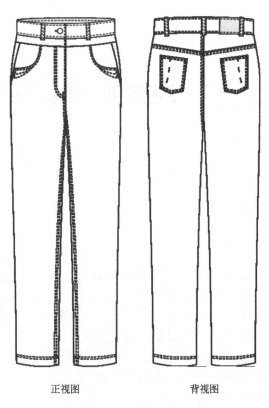

正视图　　　　　　　　　　背视图

图5-37　正常腰牛仔裤款式图

（二）正常腰牛仔裤面料、辅料的准备

制作一条裤子首先要先了解和购买裤子的面料、里料和辅料以及常用量，见表5-12。

表5-12　正常腰牛仔裤面料、辅料的准备

常用面料		牛仔布的面料有靛蓝牛仔布、皱纹牛仔布、彩色牛仔布、条子和印花等花色牛仔布、弹力牛仔布等。弹力牛仔布是较新的品种，采用弹力牛仔布作牛仔裤，是为了更出色地表达人体的线条美。面料幅宽：144cm、150cm或165cm 基本估算方法：裤长＋缝份5cm，如果需要对花、对格子时应当追加适当的量
常用辅料	衬	幅宽为90cm或112cm，用于裤腰里 厚黏合衬。采用布衬可缓解裤腰在长期穿用过程中发生的变形
		幅宽为90cm或120cm（零部件），用于裤腰面、前后裙片下摆、底襟等部件 薄黏合衬。采用纸衬，在缝制过程中起到加固，防止面料变形造成的不易缝制或出现拉长的现象

续表

		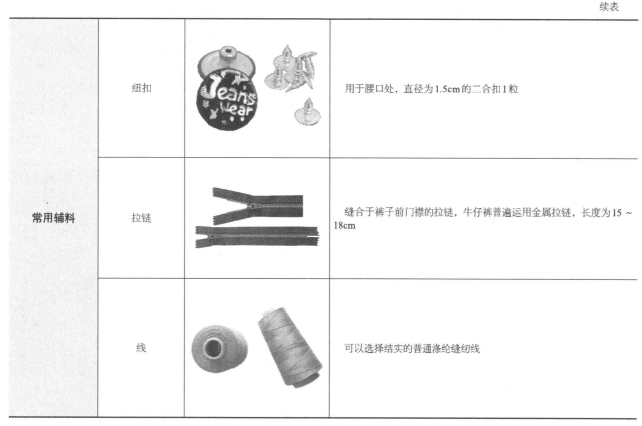
常用辅料	纽扣	用于腰口处，直径为1.5cm的二合扣1粒
	拉链	缝合于裤子前门襟的拉链，牛仔裤普遍运用金属拉链，长度为15～18cm
	线	可以选择结实的普通涤纶缝纫线

（三）正常腰牛仔裤结构制图

准备好制图工具，包括测量好的尺寸表，画线用的直角尺、曲线尺、方眼定规、量角器，测量曲线长度的卷尺。

作图纸的选择是四六开的牛皮纸（1091mm×788mm），易于操作并且大小合适，制图时要选择纸张光滑的一面，便于擦拭，不易起毛破损。

1.制定正常腰牛仔裤成衣尺寸

成衣规格为160/68A，依据是我国使用的女装号型，即GB/T 1335.2—2008《服装号型女子》。基准测量部位以及参考尺寸如表5-13所示。

表5-13　正常腰牛仔裤成衣规格　　　　　　　　　　　单位：cm

部位名称	裤长	腰围	臀围	立裆	脚口	腰宽
规格尺寸	96	72	94	25.5	40	4

2.正常腰牛仔裤的裁剪制图

本款裤子裁剪制图较为简单，首先在基本裤子框架的基础上进行绘制，然后再根据款式图5-37，在特定的部位进行结构分割处理，如图5-38所示。

3.前插袋、后育克的处理

将前腰省闭合，然后将前插袋各个裁片分解出来，后育克裁片结构处理如图5-39所示。

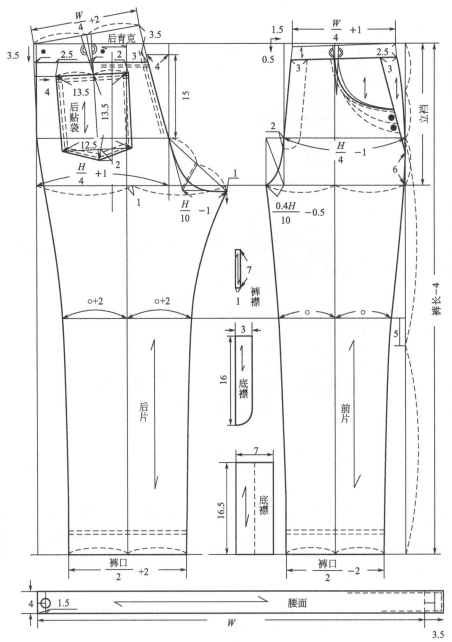

图5-38　正常腰牛仔裤结构图

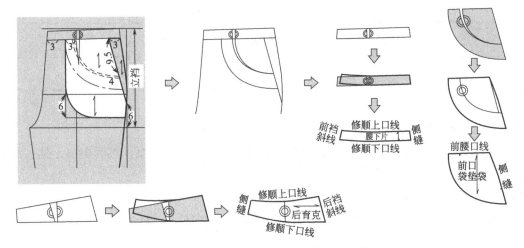

图5-39　正常腰牛仔裤的裁片结构处理图

二、变化腰线高腰牛仔裤

近年来高腰牛仔裤的腰头部位直接采用大的裁片拼接设计而成，这样既美观又时尚。这种新型设计的高腰牛仔裤主要表现在以下三个方面。

① 可以抹平小肚腩。因为高腰牛仔裤可以很好的包住小肚腩，因此具有很好的收腹功能。

② 对于身材较为高挑的女性来说，穿着高腰牛仔裤更加能够彰显女性人体的曲线美。

③ 可以很好地掩盖女性的肥臀缺点（可选用深色系面料）。

（一）变化腰线高腰牛仔裤款式说明

1.款式特征

本款牛仔裤是比较流行的高腰裤，款式美观，符合现代都市女性朋友们的时尚心理需求，款式效果如图5-40所示。

（1）裤身构成

腰腹部：前中片、后中片、侧片（设有省道）、前后腰口贴边、前袋布、门襟、底襟。

裤筒：前片、后片。

后片拼育克，前插侧缝月牙袋，后片贴袋，各部位缝缉双明线，前开门，绱拉链。

（2）拉链

缝合于裤子前开门处，绱金属拉链，长度比门襟长度短2cm左右。

（3）纽扣

4粒直径为1.5cm的二合扣。

（4）裤襻

五个裤襻平均分配在裤子腰部的相应位置。

2.变化腰线高腰牛仔裤结构原理分析

本款服装设计的重点是高腰的设计。如图5-41所示。

高腰的设计大体考虑到两方面的因素：功能性因素和装饰性因素。

（1）功能性因素

其腰部裁片的分割设计能够很好地塑造体型，表现出人体的曲线美。

（2）装饰性设计

前腹部纽扣的设计，既起到了美观装饰性作用，也起到了收紧腰部的功能性作用。

（二）变化腰线高腰牛仔裤面料、辅料的准备

制作一条裤子首先要先了解和购买裤子的面料、里料和辅料以及常用量，见表5-14。

图5-40 变化腰线高腰牛仔裤效果图

正视图　　　　背视图

图5-41 变化腰线高腰牛仔裤款式图

表5-14　变化腰线高腰牛仔裤面料、辅料的准备

常用面料		牛仔布的面料有靛蓝牛仔布、皱纹牛仔布、彩色牛仔布、条子和印花等花色牛仔布、弹力牛仔布等，弹力牛仔布是较新的品种，采用弹力牛仔布作牛仔裤，就是为了更出色地表达人体的线条美。面料幅宽：144cm、150cm或165cm 基本的估算方法：裤长＋缝份5cm，如果需要对花或对格时应当追加适当的量
常用辅料	衬	幅宽为90cm或112cm，用于裤腰里 厚黏合衬。采用布衬可缓解裤腰在长期穿用过程中发生的变形作用
		幅宽为90cm或120cm（零部件），用于裤腰面、前后裙片下摆、底襟等部件 薄黏合衬。采用纸衬，在缝制过程中起到加固作用，防止面料变形造成的不易缝制或出现拉长的现象
	纽扣	用于腰口处，直径为1.5cm的二合扣4粒
	拉链	缝合于裤子前门襟的拉链，牛仔裤普遍运用金属拉链，长度为15～18cm
	线	可选择结实的普通涤纶缝纫线

（三）变化腰线高腰牛仔裤结构制图

准备好制图工具，包括测量好的尺寸表，画线用的直角尺、曲线尺、方眼定规、量角器，测量曲线长度的卷尺。

作图纸的选择是四六开的牛皮纸（1091mm×788mm），易于操作且大小合适，制图时要选择纸张光滑的一面，便于擦拭，不易起毛破损。

1.制定变化腰线高腰牛仔裤成衣尺寸

成衣规格为160/68A，依据是我国使用的女装号型，即GB/T 1335.2—2008《服装号型女子》。基准测量部位以及参考尺寸如表5-15所示。

表5-15　变化腰线高腰牛仔裤成衣规格　　　　　　　　　　单位：cm

部位名称	裤长	腰围	臀围	立裆	脚口
规格尺寸	106	80	94	26	32

2.变化腰线高腰牛仔裤的裁剪制图

本款高腰牛仔裤的裁剪制图较为简单，只要制图思路清晰，步骤准确，即使是再复杂的款式也可以迎刃而解。

　　用基本制图方法原理进行基本裤型的框架绘制，然后根据所需绘制款式的设计特点进行结构制图，本款裤子由于腰部较高，且无腰头，其裤子腹部采用大的裁片拼合而成。在这里需要注意三点。

　　① 裁片分割的位置以及各控制部位量的把握十分关键。

　　② 合理设计腹部裁片的贴边。

　　③ 合理设计腰部省量。

　　具体结构如图5-42所示。

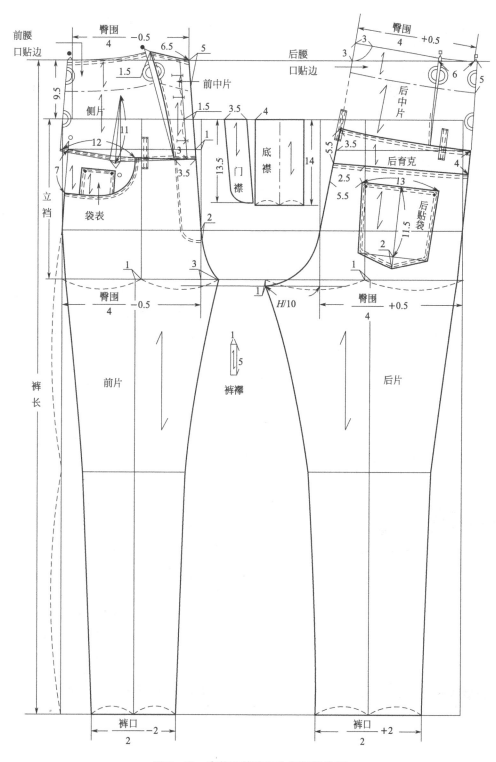

图5-42　变化腰线高腰牛仔裤结构图

三、高腰牛仔裤

图5-43　高腰牛仔裤效果图

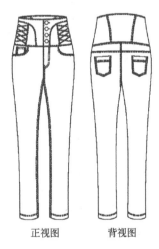

正视图　　背视图

图5-44　高腰牛仔裤款式图

（一）高腰牛仔裤款式说明

1.款式特征

本款裤子外部造型美观、穿着舒适、时尚感较强。如图5-43所示。

（1）裤身构成

腰腹部：前中片、前腰中片、前腰侧片、前腰贴边、后中片、后腰侧片、门襟、底襟。

裤筒：前片、后片。

后片拼育克，前侧缝月牙袋，后片贴袋，各部位缝缉双明线，前开门，绱拉链。

（2）拉链

缝合于裤子前开门处，绱金属拉链，拉链长比门襟短2cm左右。

（3）纽扣

4粒直径为1.5cm的二合扣。

2.高腰牛仔裤结构原理分析

本款裤子的设计重点是裤子腰腹部的设计，裤筒成锥形，特别收身，穿着后能够充分勾勒出女性的高挑曲线美，能够修饰女性长腿的美感，如图5-44所示。

（二）高腰牛仔裤面料、辅料的准备

制作一条裤子首先要先了解和购买裤子的面料和辅料以及常用量，见表5-16。

（三）高腰牛仔裤结构制图

准备好制图工具，包括测量好尺寸表，画线用的直角尺、曲线尺、方眼定规、量角器，测量曲线长度的卷尺。

作图纸的选择是四六开的牛皮纸（1091mm×788mm），易于操作且大小合适，制图时要选择纸张光滑的一面，便于擦拭，不易起毛破损。

1.制定高腰牛仔裤成衣尺寸

成衣规格为160/68A，依据我国使用的女装号型GB/T 1335.2—2008《服装号型女子》制定。基准测量部位以及参考尺寸如表5-17所示。

表5-16　高腰牛仔裤面料、辅料的准备

常用面料		牛仔布的面料有靛蓝牛仔布、皱纹牛仔布、彩色牛仔布、条子和印花等花色牛仔布、弹力牛仔布等。弹力牛仔布是较新的品种，采用弹力牛仔布制作牛仔裤，是为了更出色地表达人体的线条美。面料幅宽为144cm、150cm或165cm 基本估算方法：裤长＋缝份5cm，如果需要对花、对格子时应当追加适当的量
常用辅料	衬	幅宽为90cm或112cm，用于裤腰里 厚黏合衬。采用布衬，能缓解裤腰在长期穿用过程中发生的变形
		幅宽为90cm或120cm（零部件），用于裤腰面、前后裙片下摆、底襟等部件 薄黏合衬。采用纸衬，在缝制过程中起到加固作用，防止面料变形造成的不易缝制或出现拉长现象
	纽扣	用于腰口处，直径为1.5cm的二合扣4粒
	拉链	缝合于裤子前门襟的拉链，牛仔裤普遍运用金属拉链，长度为15～18cm
	线	可以选择结实的普通涤纶缝纫线

表5-17　高腰牛仔裤成衣规格

单位：cm

部位名称	裤长	腰围	臀围	立裆	脚口
规格尺寸	106	80	94	26	32

2.高腰牛仔裤的裁剪制图

裁剪制图的基本方法是在基本裤子廓型的基础上进行的，如图5-45所示。

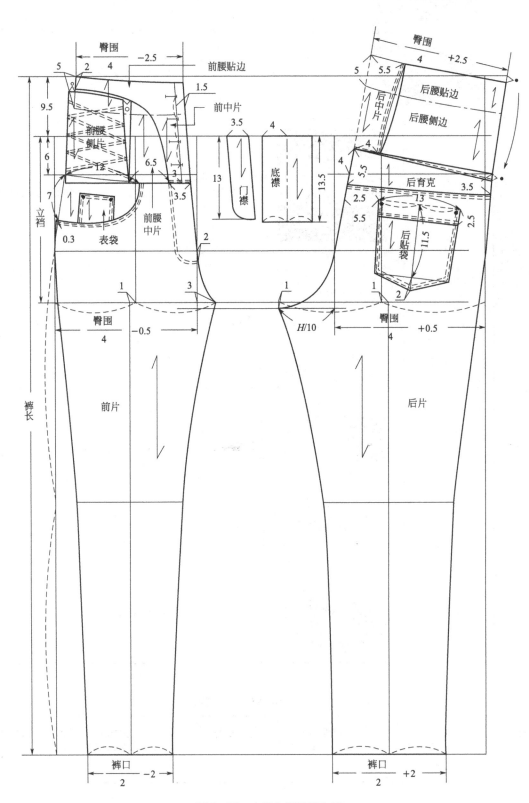

图5-45　高腰牛仔裤结构图

四、低腰牛仔裤

（一）低腰牛仔裤款式说明

1.款式特征

本款牛仔裤款式较为经典，款式结构本身较为简单，因此易于学习。

本款式的特点为直筒造型，臀部收紧，能凸显出女性臀部的曲线美，腹部收紧，穿着舒适，美丽大方，如图5-46所示。

（1）裤身构成

前片腰口无褶裥，后片拼育克，前侧缝有月牙袋，后片贴袋，各部位缝缉双明线，前开门，绱拉链。

（2）腰

绱腰头，左搭右，在腰头处锁扣眼，装订工字型纽扣。

（3）拉链

缝合于裤子前开门处，绱拉链，比门襟长短2cm左右，颜色与面料色彩相一致。

（4）纽扣

直径为1cm的二合扣4粒，用于腰口处。

2.低腰牛仔裤结构原理分析

① 裤子是低腰版型的设计。

② 牛仔裤后腰有育克处理，早期牛仔裤面料大多用劳动布，腰部缝合工艺不好处理，将后腰省量转移至侧缝形成牛仔裤专有的后片分割线结构的款式特点。

③ 平插袋口袋的结构设计方法如图5-47所示。

（二）低腰牛仔裤面料、辅料的准备

制作一条裤子首先要先了解和购买裤子的面料和辅料以及常用量，见表5-18。

（三）低腰牛仔裤结构制图

准备好制图工具，包括测量好的尺寸表，画线用的直角尺、曲线尺、方眼定规、量角器，测量曲线长度的卷尺。

作图纸的选择是四六开的牛皮纸（1091mm×788mm），易于操作且大小合适，制图时要选择纸张光滑的一面，便于擦拭，不易起毛破损。

1.制定低腰牛仔裤成衣尺寸

成衣规格为160/68A，依据我国女装号型GB/T 1335.2—2008《服装号型女子》。基准测量部位以及参考尺寸如表5-19所示。

图5-46　低腰牛仔裤效果图

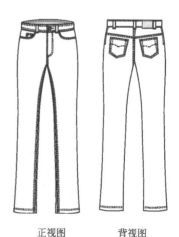

正视图　　　　背视图

图5-47　低腰牛仔裤款式图

表5-18　低腰牛仔裤面料、辅料的准备

常用面料		牛仔布的面料有靛蓝牛仔布、皱纹牛仔布、彩色牛仔布、条子和印花等花色牛仔布，弹力牛仔布等，弹力牛仔布是较新的品种，采用弹力牛仔布作牛仔裤，就是为了更出色地表达人体的线条美。面料幅宽：144cm、150cm或165cm 基本估算方法：裤长＋缝份5cm，如果需要对花、对格子时应当追加适当的量。
常用辅料	衬	幅宽为90cm或112cm，用于裤腰里 厚黏合衬。采用布衬可以缓解裤腰在长期穿用过程中发生的变形
		幅宽为90cm或120cm（零部件），用于裤腰面、前后裙片下摆、底襟等部件 薄黏合衬。采用纸衬，在缝制过程中起到加固作用，能防止面料变形造成的不易缝制或出现拉长的现象
	纽扣	直径为1～1.5cm的二合扣4粒，用于腰口处
	拉链	缝合于裤子前门襟的拉链，牛仔裤普遍运用金属拉链，长度为15～18cm
	线	可选择结实的普通涤纶缝纫线

表5-19　低腰牛仔裤成衣规格　　　　　　　　　　单位：cm

部位名称	裤长	（制图腰围）	腰围	臀围	立裆	脚口	腰宽
规格尺寸	95	70	72	94	25	36	3.5

2.低腰牛仔裤的裁剪制图

本款裤子的裁剪制图较为简单，首先设置好各个控制部位的尺寸及其放量，在基础裤型上面进行二次部位结构设计。本款的裤子裁片结构底图如图5-48所示。

本款裤子结构需要注意解决的问题如下。

① 根据款式所示，由于本款裤子裤型为低腰，因此需要直接降低立裆深度，从而解决臀部与腰部之间所带来的差量。

② 后育克、前平插袋的裁片处理如图5-49所示。

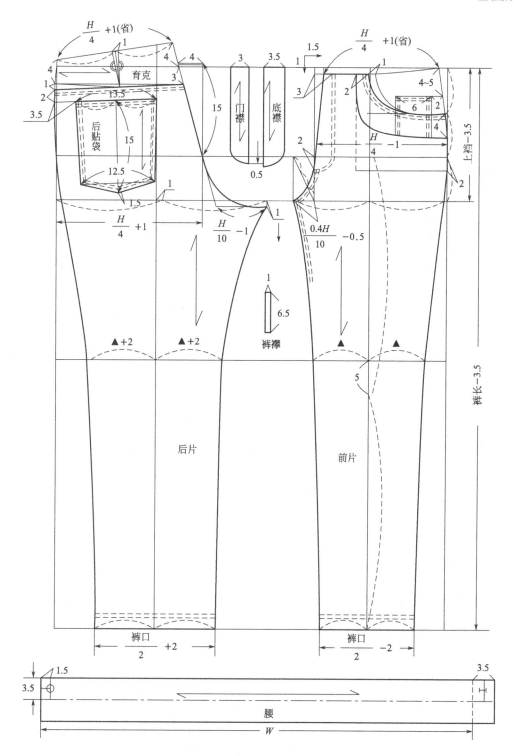

图5-48 低腰牛仔裤结构图

图5-49 低腰牛仔裤的裁片结构处理图

五、低腰装饰插袋牛仔裤

图5-50 低腰装饰插袋牛仔裤效果图

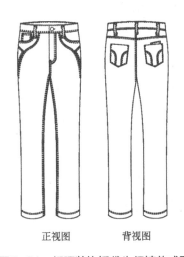

正视图　　　　背视图

图5-51 低腰装饰插袋牛仔裤款式图

（一）低腰装饰插袋牛仔裤款式说明

1.款式特征

本款式的特点为直筒造型，臀部收紧，凸显出女性的臀部曲线美，腹部收紧，穿着舒适，美丽大方，如图5-50所示。

（1）裤身构成

前片腰口无褶裥，后片拼育克，前插侧缝装饰月牙袋，前侧片，后片贴袋，各部位缝缉双明线，前开门，绱拉链。

（2）腰

绱腰头，左搭右，并且在腰头处锁扣眼，装订工字型纽扣。

（3）拉链

缝合于裤子前开门处，绱拉链，其长度比门襟短2cm左右，颜色与面料色彩相一致。

（4）纽扣

直径为1cm的二合扣1粒，用于腰口处。

2.低腰装饰插袋牛仔裤结构原理分析

本款服装设计的重点有三个。

①裤子低腰的设计。

②后育克、前插袋、后贴袋的款式设计。

③前侧片的分割设计。如款式图5-51所示。

（二）低腰装饰插袋牛仔裤面料、辅料的准备

制作一条裤子首先要先了解和购买裤子的面料和辅料以及常用量，见表5-20。

（三）低腰装饰插袋牛仔裤结构制图

准备好制图工具，包括测量好的尺寸表，画线用的直角尺、曲线尺、方眼定规、量角器，测量曲线长度的卷尺。

作图纸的选择是四六开的牛皮纸（1091mm×788mm），易于操作并且大小合适，制图时要选择纸张光滑的一面，便于擦拭，不易起毛破损。

1.制定低腰装饰插袋牛仔裤成衣尺寸

成衣规格为160/68A，依据我国女装号型GB/T 1335.2—2008《服装号型女子》制定。基准测量部位以及参考尺寸如表5-21所示。

表5-20　低腰装饰插袋牛仔裤面料、辅料的准备

常用面料		牛仔布的面料有靛蓝牛仔布、皱纹牛仔布、彩色牛仔布、条子和印花等花色牛仔布、弹力牛仔布等，弹力牛仔布是较新的品种，采用弹力牛仔布作牛仔裤，就是为了更出色地表达人体的线条美。面料幅宽：144cm、150cm或165cm 基本估算方法：裤长+缝份5cm，如果需要对花、对格子时应当追加适当的量
常用辅料	衬		幅宽为90cm或112cm，用于裤腰里 厚黏合衬。采用布衬可缓解裤腰在长期穿用过程中的变形
			幅宽为90cm或120cm（零部件），用于裤腰面、前后裙片下摆、底襟等部件 薄黏合衬。采用纸衬，在缝制过程中起到加固作用，防止面料变形造成的不易缝制或出现拉长的现象
	纽扣		直径为1～1.5cm的二合扣1粒，用于腰口处
	拉链		缝合于裤子前门襟的拉链，牛仔裤普遍运用金属拉链，长度为15～18cm
	线		可以选择结实的普通涤纶缝纫线

表5-21　低腰装饰插袋牛仔裤成衣规格　　　　　　　　　　单位：cm

部位名称	裤长	（制图腰围）	腰围	臀围	立裆	脚口	腰宽
规格尺寸	95	70	72	94	25	36	3.5

2.低腰装饰插袋牛仔裤的裁剪制图

本款低腰牛仔裤是在图5-46这一款的基础上演变出来的，因此裁剪制图也较为简单，同样是在基础裤型的基础上加以变化而来，一切都以款式图为标准，如图5-52所示。

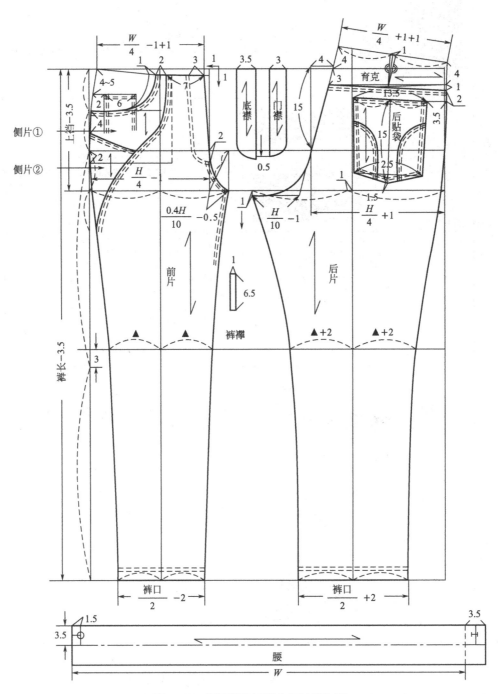

图5-52　低腰装饰插袋牛仔裤结构图

六、休闲缩褶筒裤

（一）款式说明

1.款式特征

本款服装的设计点是在基本筒型裤框架结构的基础上，进行相应的缩褶结构处理，显现出现代设计元素。在特定部位裁片分割的处理还有一些不同装饰物的运用。裤口是用装饰线将裤筒内外侧缝进行抽褶捆固，这些设计既美观又舒适，不仅起到了装饰的作用，而且满足了裤子的功能设计，很符合现代女性朋友们的审美习惯。如图5-53所示。

（1）裤身构成

结构造型上，前裤片无省道也无褶裥，有前裤腰、前中片、前下片、侧小片、装饰拉链。后裤片无省道也无褶裥，有后裤腰、后育克片、后中片、后下片、后贴袋、三个大裤襻，两个小裤襻。开前门，绱拉链。

（2）腰

绱腰头，右搭左，在腰头处锁扣眼，装纽扣。

（3）拉链

门襟拉链，缝合于裤子前开门处，其长度一般比门襟短1cm左右，颜色与面料一致；裤襻装饰拉链和前裤片装饰拉链，颜色可根据设计搭配选择。

（4）纽扣

直径为1～1.5cm的二合扣1粒，用于腰头处。

2.休闲缩褶筒裤结构原理分析

本款服装设计的重点有三个，如图5-54所示。

① 各个部位分割线的处理。

② 裤筒褶的处理。

③ 后明贴口袋的结构设计。

（二）休闲缩褶筒裤面料、辅料的准备

制作一条裤子首先要先了解和购买裤子的面料和辅料以及常用量，见表5-22。

（三）休闲缩褶筒裤结构制图

准备好制图工具，包括测量好尺寸表，画线用的直角尺、曲线尺、方眼定规、量角器，测量曲线长度的卷尺。

作图纸的选择是四六开的牛皮纸（1091mm×788mm），易于操作并且大小合适，制图时要选择纸张光滑的一面，便于擦拭，不易起毛破损。

1.制定休闲缩摺筒裤成衣尺寸

成衣规格为160/68A，依据女装号型GB/T 1335.2—2008《服装号型女子》。基准测量部位以及参考尺寸如表5-23所示。

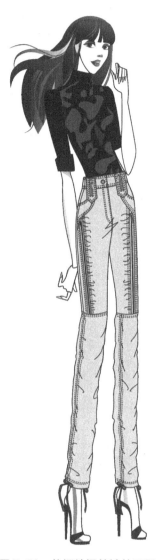

图5-53　休闲缩褶筒裤效果图

正视图　　　　背视图

图5-54　休闲缩褶筒裤款式图

表5-22　休闲缩摺筒裤面料、辅料的准备

常用面料		本款服装适合的面料范围较广，各季节皆适宜穿着。休闲缩摺筒裤的面料的选择因季节而异，一般选用天然纤维平纹或斜纹纯棉布、卡其，也有亚麻、棉布质地的化纤面料。面料幅宽：144cm、150cm或165cm 基本估算方法：裤长＋缝份5cm，如果需要对花、对格子时应当追加适当的量
常用辅料	衬	幅宽为90cm或112cm，用于裤腰里 厚黏合衬。采用布衬可缓解裤腰在长期穿用过程中发生的变形
		幅宽为90cm或120cm（零部件），用于裤腰面、前后裙片下摆、底襟等部件 薄黏合衬。采用纸衬，在缝制过程中起到加固作用，可防止面料变形造成的不易缝制或出现拉长的现象
	纽扣	直径为1～1.5cm的二合扣1粒，用于腰头处
	拉链	缝合于裤子前门襟的拉链，牛仔裤普遍运用金属拉链，长度为15～18cm
	线	可以选择结实的普通涤纶缝纫线

表5-23　休闲缩摺筒裤成衣规格　　　　　　　　　　　　　　单位：cm

部位名称	裤长	腰围	臀围	立裆	脚口	腰宽
规格尺寸	96	70	95	26	36	5

2.休闲缩摺筒裤的裁剪制图

　　本款是一款组合的筒裤裤型设计，裤子的结构设计比较复杂，在筒裤基础上前、后裤片均有分割线和缩褶设计，如图5-55所示。

本款裤子纸样裁剪同样是从以下3个方面进行解决的。

（1）分割线的处理

要按照款式的需求，将前、后裤片分割线按照造型比例合理地设置，本款的前片分割线较多，前侧缝的分割线起到装饰美观作用；前、后裤腿的水平分割线将裤腿分成两部分；后片腰部分割线解决了后腰省量。

（2）褶的处理

本款褶有两部分。裤腿的水平分割线将裤腿分为上下两部分，上半部分的侧缝褶起到装饰作用，下半部分通过侧缝收绳的抽褶处理使裤腿收到需要的长度，该部分的缩褶处理可增大腿部的运动量，使腿部的活动更加舒适。

（3）后明贴口袋的设计

本款的后口袋为立体造型，在结构设计上通过省道使口袋呈现立体效果。

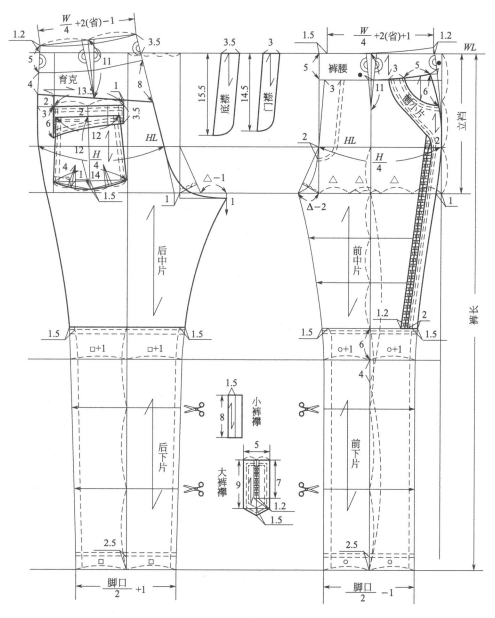

图5-55　休闲缩褶筒裤结构图

3.后腰育克、腰的结构处理

将后腰育克省合并，完成后腰育克结构处理；将前、后腰片由裤片中分离出来复核合并，完成腰的结构处理，如图5-56所示。

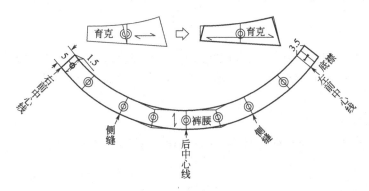

图5-56 休闲缩褶筒裤育克、腰头结构处理图

4.前中片、前下片、后下片裁片结构处理图

将前中片分离出来切展放量，褶量的大小为设计量，要根据款式需求和面料的厚度进行设计，完成前中片结构处理；将前、后裤下片由裤片中分离出来并进行切展放量，褶量的大小为设计量，要根据款式需求和面料的厚度进行设计，完成前下片、后下片裁片结构处理，如图5-57所示。

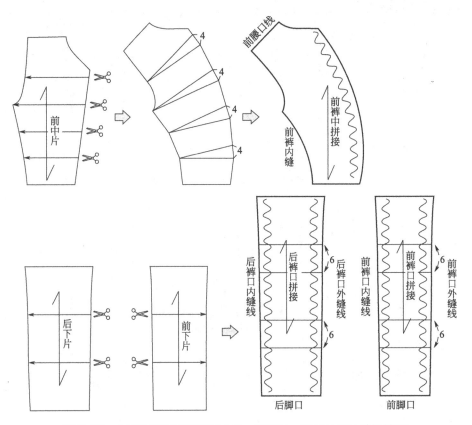

图5-57 女装休闲缩褶筒裤前中片、前下片、后下片裁片结构处理

七、前片无省筒裤

（一）款式说明

1.款式特征

前片无省筒裤是为消减臀腰差量在筒型裤的基础上将腰身下落一定的量，所得到的一种低腰的筒裤造型，是筒型裤的一种特殊形式。从外观造型上看，腰部较为紧贴，臀部以及上裆部位较为合体、左右对称、下肢修长、外形挺括、造型美观，穿着舒适。该款式为无裤襻设计，前面无褶裥和省道，后面设有两个功能性腰省，使其腰部更加贴体舒适、简单时尚，如图5-58所示。

（1）裤身构成

结构造型上前裤片无省道，后裤片设有单省，前中心线有开合设计，绱拉链。

（2）腰

绱腰头，右搭左，在腰头处锁扣眼，绱纽扣。

（3）拉链

缝合于裤子前中心线处，其长度一般比门襟短1～2cm，颜色与面料一致。

（4）纽扣

直径为1cm的纽扣1粒，缝制于腰口前门襟处。

2.前片无省筒裤结构原理分析

本款前片无省筒裤较为简单，其设计点主要有两个，款式如图5-59所示。

① 筒裤低腰的设计。

② 前片无省的结构设计。

（二）前片无省筒裤面料、辅料的准备

制作一条裤子首先要先了解和购买裤子的面料和辅料以及常用量，见表5-24。

（三）前片无省筒裤结构制图

准备好制图工具，包括测量好的尺寸表，画线用的直角尺、曲线尺、方眼定规、量角器，测量曲线长度的卷尺。

作图纸的选择是四六开的牛皮纸（1091mm×788mm），易于操作且大小合适，制图时要选择纸张光滑的一面，便于擦拭，不易起毛破损。

1.制定前片无省筒裤成衣尺寸

成衣规格为160/68A，依据的女装号型是GB/T 1335.2—2008《服装号型女子》。基准测量部位以及参考尺寸如表5-25所示。

图5-58　前片无省筒裤效果图

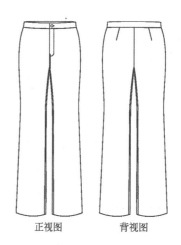

正视图　　　背视图

图5-59　前片无省筒裤款式图

表5-24　前片无省筒裤面料、辅料的准备

常用面料		本款低腰筒裤适宜的年龄段范围较广，由于人们的年龄、文化习惯以及个人爱好的不同，可选用不同色泽及材质的面料。所选用的面料应当符合自己的气质，以能够突显出自己的精气神为前提。由于裤子的合体造型，选用微弹力面料，使着装者穿着更加舒适，面料幅宽：144cm、150cm或165cm 基本估算方法：裤长＋缝份5cm，如果需要对花、对格子时应当追加适当的量
常用辅料	衬 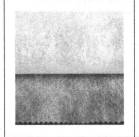	幅宽为90cm或112cm，用于裤腰里 厚黏合衬。采用布衬，缓解裤腰在长期穿用过程中发生的变形
		幅宽为90cm或120cm（零部件），用于裤腰面、前后裙片下摆、底襟等部件 薄黏合衬。采用纸衬，在缝制过程中起到加固作用，能防止面料变形造成的不易缝制或出现拉长的现象
	纽扣或裤钩 	直径为1cm的纽扣或裤钩1粒，用于腰口处
	拉链 	缝合于裤子前门襟的拉链，牛仔裤普遍运用金属拉链，长度为15～18cm
	线 	可以选择结实的普通涤纶缝纫线

表5-25　前片无省筒裤成衣规格　　　　　　　　　　　　　单位：cm

部位名称	裤长	腰围	臀围	立裆	脚口	腰宽
规格尺寸	94	78	95	26	50	3

2.前片无省筒裤的裁剪制图

前片无省筒裤是基本筒裤的一种特殊形式，故将在筒形裤的基本框架上进行结构图的绘制。先绘制好裤子的基本框架，然后根据款式要求将腰节线降低，并将前片部位的省量转移至侧缝，如图5-60所示。

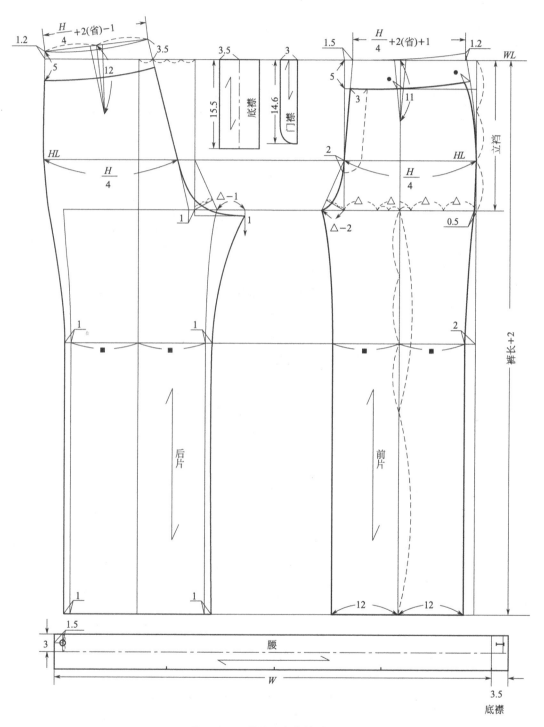

图5-60　前片无省筒裤结构图

八、立体贴袋筒裤

图5-61　立体贴袋筒裤效果图

正视图　　　　背视图

图5-62　立体贴袋筒裤款式图

（一）款式说明

1.款式特征

立体贴袋筒裤搭配起来很方便，立体贴袋筒裤每种款式风格迥异，款式百搭，本款服装是在筒型裤的基础上进行分割线结构变化设计，故在绘制本款裤型之前应当充分考虑筒型裤的基本特点。另外一个特征为立体贴袋设计，本款的立体贴袋为风琴袋，风琴袋通常是指袋边沿装有类似手风琴风箱伸缩形状的口袋，如图5-61所示。

（1）裤身构成

结构造型上，前裤片为无省道、无褶裥带曲线和垂线分割线的款式设计；后裤片同样有一条通腰的分割曲线，有后育克设计；口袋设计为前侧插明贴口袋、后风琴袋、侧风琴袋；有裤襻；系扣前门襟设计，绱腰头。

（2）腰

绱腰头，右搭左，在腰头处锁扣眼，装纽扣。

（3）纽扣

直径为1cm的二合扣4粒，门襟处3粒、腰头处1粒；直径为1.5cm的二合扣4粒，用于袋盖处。

2.立体贴袋筒裤结构原理分析

本款服装设计的重点有两个，如图5-62所示。

① 风琴口袋的设计。

② 前、后片分割线的设计，既能满足装饰性需要，同样也可以解决穿着的功能性。

（二）立体贴袋筒裤面料、辅料的准备

制作一条裤子首先要先了解和购买裤子的面料和辅料以及常用量，见表5-26。

（三）立体贴袋筒裤结构制图

准备好制图工具，包括测量好的尺寸表，画线用的直角尺、曲线尺、方眼定规、量角器，测量曲线长度的卷尺。

作图纸的选择是四六开的牛皮纸（1091mm×788mm），易于操作并且大小合适，制图时要选择纸张光滑的一面，便于擦拭，不易起毛破损。

1.制定立体贴袋筒裤成衣尺寸

成衣规格为160/68A，依据女装号型GB/T 1335.2—2008《服装号型女子》制定。基准测量部位以及参考尺寸如表5-27所示。

表5-26　立体贴袋筒裤面料、辅料的准备

常用面料		本款裤型口袋较多，功能性较强，适宜穿着的人群范围较广，面料舒适，面料应当选用透气好、吸湿强、牢固耐磨的中厚型面料，如牛仔布、斜纹棉布、卡其，也有亚麻、棉布质地的。 面料幅宽：144cm、150cm或165cm 基本估算方法：裤长＋缝份5cm，如果需要对花、对格子时应当追加适当的量
常用辅料	衬	幅宽为90cm或112cm，用于裤腰里 厚黏合衬。采用布衬可缓解裤腰在长期穿用过程中发生的变形
		幅宽为90cm或120cm（零部件），用于裤腰面、前后裙片下摆、底襟等部件 薄黏合衬。采用纸衬，在缝制过程中起到加固作用，可防止面料变形造成的不易缝制或出现拉长的现象
	纽扣	直径为1cm的二合扣4粒，门襟处3粒、腰头处1粒；直径为1.5cm的二合扣4粒，用于袋盖处
	线	可以选择结实的普通涤纶缝纫线

表5-27　立体贴袋筒裤成衣规格　　　　　　　　　　　　　　单位：cm

部位名称	裤长	腰围	臀围	立裆	脚口	腰宽
规格尺寸	99	71	96	26	42	3

2.立体贴袋筒裤的裁剪制图

本款裤子的结构设计比较复杂，前、后裤片均有分割线和明贴口袋设计。

裁剪制图需要注意的问题有两个。

① 要按照款式的需求，将前、后裤片分割线按照造型比例合理设置，本款的前片分割线没有结构意义，起到的是装饰美观的作用，后片分割线解决了后腰省量。

② 明贴口袋的设计，本款的后口袋和侧口袋均为立体造型的风琴口袋造型，在结构设计上要根据款式需求进行处理，如图5-63所示。

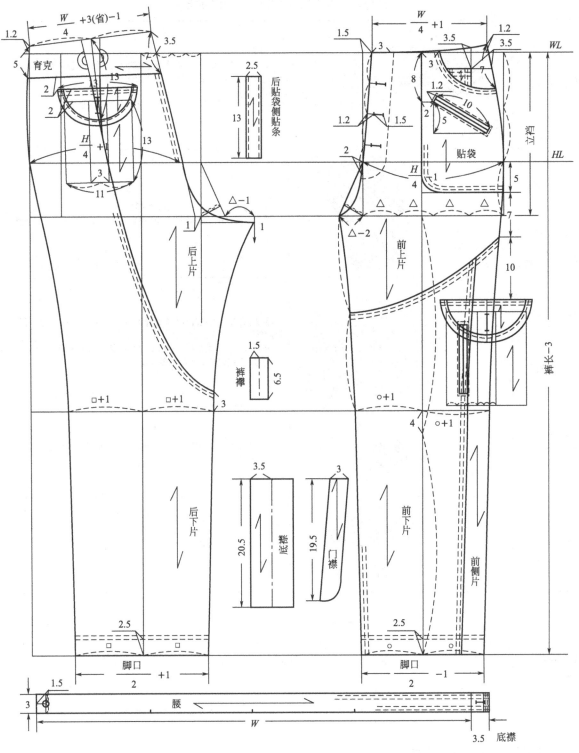

图5-63 立体贴袋休闲筒裤结构制图

3.平贴袋、垫袋、表袋位置的确定

平贴袋深度的确定：如图5-64所示，在裤长辅助线上，与臀围线的交点向下平线方向量取5cm，过交点作平行于上平线的袋深辅助线交于前挺缝线。具体各部位数值，如图5-64所示。根据款式图所示，前裤片左右两侧贴袋各有不同，可根据款式需求进行相应的结构处理，如图5-65所示。

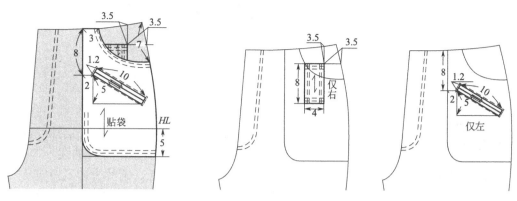

图5-64　平贴袋结构制图　　　　　图5-65　左右两侧前贴袋特殊部位的结构制图

4.立体贴袋褶的处理

本款立体贴袋的袋盖边为绲边圆角设计，袋布上有一个明褶裥设计，口袋两侧为贴条设计，形成立体贴袋造型，如图5-66所示。

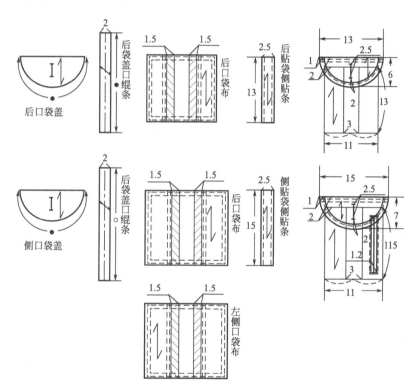

图5-66　立体贴袋休闲筒裤口袋结构处理图

5.后腰育克的处理

后腰育克结构处理，如图5-67所示。

图5-67　带立体贴袋休闲筒裤后育克的结构处理

九、弹性曲线分割锥形裤

图5-68 弹性曲线分割锥形裤效果图

（一）款式说明

1.款式特征

本款裤子属于弹性贴身锥形裤，是年轻女性比较喜欢的裤型。修身的造型能够很好地突显出女性的身材曲线。本款裤子最大的设计点集中在腰部到臀部的位置，前片设计了斜向及曲线分割线，并且在腰部的位置腰头的设计也独具匠心，前片腰部分为连腰设计。前片中斜插袋的设计蕴含在分割线中，别具一格。后片同样设计了竖向的曲线分割育克线，在臀部的位置同样还设置了横向的曲线分割线，并且附有袋盖，不仅修身提臀，而且美观大方。如图5-68所示。

（1）裤身构成

在结构造型上，本款裤子属于贴身型的锥形裤，前片有斜向分割和曲线分割，并且在斜向分割中设有斜插袋，后片也设有曲线分割线，前后片在侧缝处进行了拼接处理，后片臀部还增加了横向分割的设计，并且附有袋盖。前开门，绱拉链。

（2）裤腰

前片中心线到口袋斜向分割线的位置为连腰式，内有贴边；剩余的腰部绱腰头，右搭左，并且在腰头处装裤钩。

（3）裤襻

前片2个裤襻，后片3个裤襻。

（4）拉链

缝合于裤子前开门处，长度比门襟短1.5cm左右，颜色应与面料的颜色一致。

（5）裤钩

用于裤子前门襟处。

2.弹性曲线分割锥形裤结构原理分析

本款服装设计的重点有两个，如图5-69所示。
① 前、后片分割线的创意设计。
② 前、后片裤腰的创意设计。

（二）弹性曲线分割锥形裤面料、辅料的准备

制作一条裤子首先要先了解和购买裤子的面料和辅料以及常用量，见表5-28。

（三）弹性曲线分割锥形裤结构制图

准备好制图工具，包括测量好的尺寸表，画线用的直角尺、曲线尺、方眼定规、量角器，测量曲线长度的卷尺。

作图纸的选择是四六开的牛皮纸（1091mm×788mm），易于操作并且大小合适，制图时要选择纸张光滑的一面，便于擦拭，不易起毛破损。

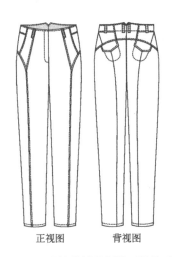

正视图　　　　背视图

图5-69 弹性曲线分割锥形裤款式图

表5-28 弹性曲线分割锥形裤面料、辅料的准备

常用面料		在面料的选择上，应选用弹性好的面料，比如灯芯绒、斜纹棉、牛仔布等。面料幅宽：144cm、150cm或165cm 基本估算方法：裤长＋缝份5cm，如果需要对花、对格子时应当追加适当的量
常用辅料	衬	幅宽为90cm或112cm，用于裤腰里 厚黏合衬。采用布衬可缓解裤腰在长期穿用过程中发生的变形
		幅宽为90cm或120cm（零部件），用于裤腰面、前后裙片下摆、底襟等部件 薄黏合衬。采用纸衬，在缝制过程中起到加固作用，能防止面料变形造成的不易缝制或出现拉长的现象
	裤钩	用于前门襟
	拉链	缝合于裤子前门襟的拉链，牛仔裤普遍运用金属拉链，长度为15～18cm
	线	可以选择结实的普通涤纶缝纫线

1.制定弹性曲线分割锥形裤成衣尺寸

成衣规格为160/68A，依据GB/T 1335.2—2008《服装号型女子》制定。基准测量部位以及参考尺寸如表5-29所示。

表5-29 弹性曲线分割锥形裤成衣规格　　　　　　　　　　　　　　　　单位：cm

部位名称	裤长	腰围	臀围	立裆	脚口	腰宽
规格尺寸	94	72	94	26	28	3.5

2.弹性曲线分割锥形裤的裁剪制图

本款式的裁剪制图比较复杂，尤其是分割线的设计比较繁多，在局部细节的设计上也别具特色。

本款裤子裁剪制图需要考虑的重点有3个。

（1）前、后片分割线的处理

前后片中均设有竖向的装饰性的分割线，可以起到修饰腿型的作用；前后片臀部上斜向分割线的设计属于功能性分割线，可分解掉前后腰中的省量。

（2）前后片侧缝线的处理

由于前后片在侧缝处进行了拼合处理，为了便于拼合，应该尽量呈直线状态，可以通过调节前后裆的倾斜度及腰部加放的省量大小来控制侧缝线的形态，但是其值大小应控制在合理的范围内。

（3）前、后腰处理

前片腰部分为连腰设计，部分与后片腰组合为分裁设计，如图5-70所示。

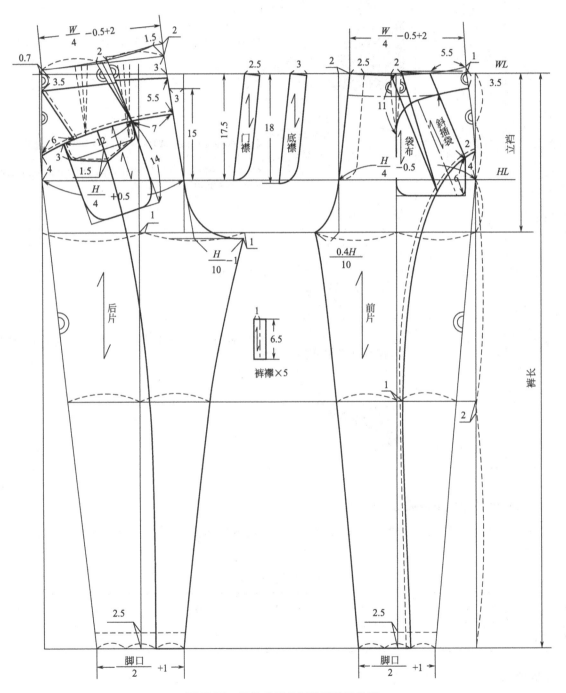

图5-70　弹性曲线分割锥形裤结构图

3.前片口袋、袋布

口袋制作时需在口袋的两端打结固定，另外，袋布深是由斜插袋口的下端向下垂直量取6cm确定的点，并经过此点作水平线与挺缝线相交，确定出袋口宽，最后确定出袋布的形状，如图5-71所示。

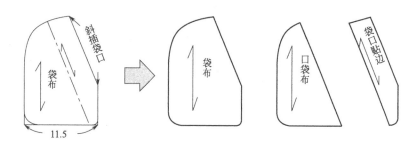

图5-71　弹性曲线分割锥形裤口袋结构制图

4.前、后腰的结构处理

本款前片腰部分为连腰设计，需将连裁部分的腰里贴边整合处理；前、后片腰组合为分裁设计，将前、后腰片由裤片中分离出来复核后合并，从而完成腰的结构处理，如图5-72所示。

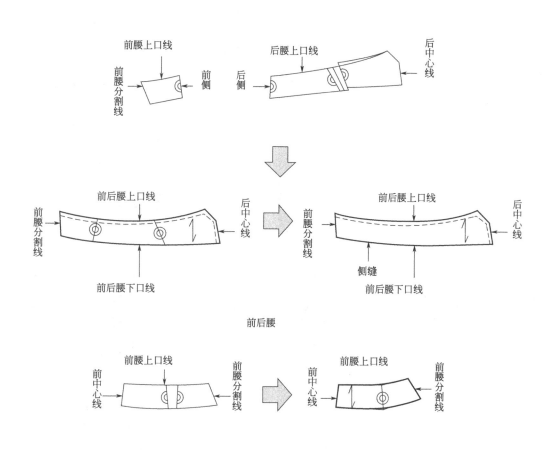

图5-72　弹性曲线分割锥形裤腰的结构处理图

5.前后斜向分割裁片的结构处理

将前、后斜向分割片由裤片中分离出来后复核合并，完成分割片的结构处理，如图5-73所示。

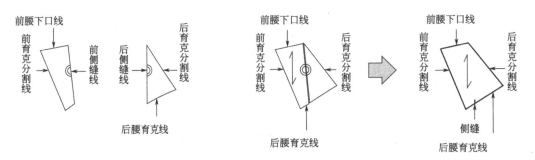

图5-73　弹性曲线分割锥形裤前后斜向分割片的结构处理图

6.前后侧片裁片的结构处理

将前、后侧片由裤片中分离出来并复核合并，在拼合的过程中，将各个对位线对齐，以侧缝线与脚口线的交点为固定点进行拼合，由于在拼合的过程中臀围线以上的部位出现一部分余缺量，因此在后分割线的位置将该部分余缺量削减掉，最后再将各轮廓线修圆顺。完成前后侧片的结构处理，如图5-74所示。

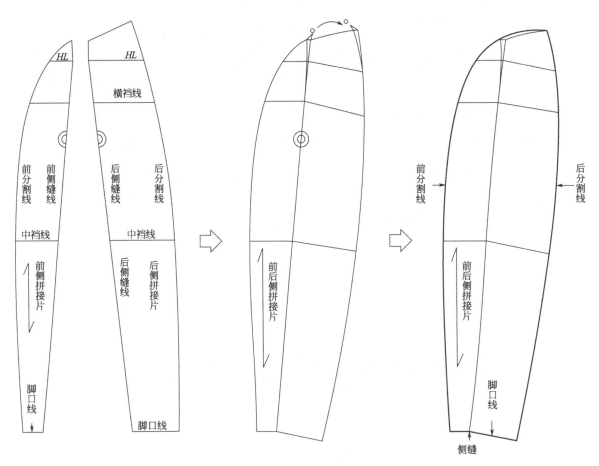

图5-74　弹性曲线分割锥形裤前后侧片裁片的结构处理图

十、低腰分割线组合锥形裤

（一）款式说明

1.款式特征

本款裤型属于贴身小脚锥形裤，它不仅能提升女性的气质，还能在视觉上起到瘦腿的功能。该款裤型是在基本锥形裤的基础上，增加了结构线的设计，前裤片在腰部到膝部之间设计了向内收的弧线，在视觉上能够修饰腿部的线条，膝部到脚口的竖向分割线也起到了拉长腿部的作用。前裤片口袋的设计独特，里布外露作为装饰性点缀是设计的亮点，而且更添时尚魅力；后裤片同样也采用了竖向分割的结构设计，并且与口袋设计巧妙地结合在一起，简约而不简单；后腰的弧形设计也增加了几分创意感，如图5-75所示。

（1）裤身构成

结构造型上，本款裤子属于贴身型的锥形裤，前片有曲线分割和竖向分割，并设有集装饰性和功能性于一体的口袋，后片为竖向分割线且设有单袋牙口袋；前开门，绱拉链。

（2）裤腰

绱腰头，左搭右，并且在腰头处锁扣眼，绱纽扣。

（3）裤襻

前片2个裤襻，后片3个裤襻。

（4）拉链

缝合于裤子前开门处，长度比门襟短1.5cm左右，颜色应与面料的颜色一致。

（5）纽扣

直径为1cm的纽扣1粒，用腰头处。

2.低腰分割线组合锥形裤结构原理分析

本款服装设计的重点有2个，如图5-76所示。

① 前、后片分割线的创意设计。

② 前、后片口袋的创意设计。

（二）低腰分割线组合锥形裤面料、辅料的准备

制作一条裤子首先要先了解和购买裤子的面料和辅料以及常用量，见表5-30。

（三）低腰分割线组合锥形裤结构制图

准备好制图工具，包括测量好的尺寸表，画线用的直角尺、曲线尺、方眼定规、量角器，测量曲线长度的卷尺。

作图纸的选择是四六开的牛皮纸（1091mm×788mm），易于操作并且大小合适，制图时要选择纸张光滑的一面，便于擦拭，不易起毛破损。

图5-75 低腰分割线组合锥形裤效果图

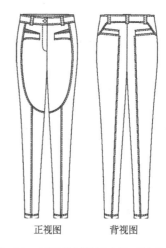

正视图　　　　背视图

图5-76 低腰分割线组合锥形裤款式图

表5-30　低腰分割线组合锥形裤面料、辅料的准备

常用面料		在面料的选择上，可以选用有弹性的棉混纺布、牛仔布等 面料幅宽：144cm、150cm或165cm 基本估算方法：裤长＋缝份5cm，如果需要对花、对格子时应当追加适当的量
常用辅料	衬	幅宽为90cm或112cm，用于裤腰里 厚黏合衬。采用布衬可缓解裤腰在长期穿用过程中发生的变形
		幅宽为90cm或120cm（零部件），用于裤腰面、前后裙片下摆、底襟等部件 薄黏合衬。采用纸衬，在缝制过程中起到加固作用，能防止面料变形造成的不易缝制或出现拉长的现象
	纽扣或裤钩	直径为1cm的纽扣或裤钩1粒，用于腰头处
	拉链	缝合于裤子前门襟的拉链，牛仔裤普遍运用金属拉链，长度为15～18cm
	线	可以选择结实的普通涤纶缝纫线

1.制定低腰分割线组合锥形裤成衣尺寸

成衣规格为160/68A，依据GB/T 1335.2—2008《服装号型女子》制定。基准测量部位以及参考尺寸如表5-31所示。

表5-31　低腰分割线组合锥形裤成衣规格　　　　　　　　　　　　　单位：cm

部位名称	裤长	腰围	臀围	立裆	脚口	腰宽
规格尺寸	94	70	96	26	30	3.5

2.低腰分割线组合锥形裤的裁剪制图

本款长裤子是以分割线组合形式的锥形裤裤型设计的。

本款裤型款式设计比较简单，在裤基型的基础上增加了分割线的设计，但是裤子局部如口袋、腰面的设计却独具匠心，值得琢磨，如结构图5-77所示。

本款裤子裁剪制图的要点主要有以下3点。

（1）前、后片分割线的处理

前片曲线分割线属于功能性的分割线，将前腰省量消化掉，而前片中的竖向分割线则起到装饰性的作用；后片中的竖向分割线也属于装饰性作用。

（2）前、后腰省的处理

在制图过程中，后片是将腰部的腰省量重新分配，其中的一个省在后中心和侧缝处各消化掉一半的省量，另外一个省通过转移将省量分配到后片口袋处，最终将后片中的臀腰差全部消化掉。而前片在腰省的分配上是将省量分配到分割线里将臀腰差消化掉。

（3）前、后口袋的结构处理

前片口袋在设计时需考虑它的形状，同时还需要考虑它与分割线的缝合方式。后片单袋牙口袋除了需要注意后片中省的处理的影响，也需要考虑其和分割线的缝合形式。

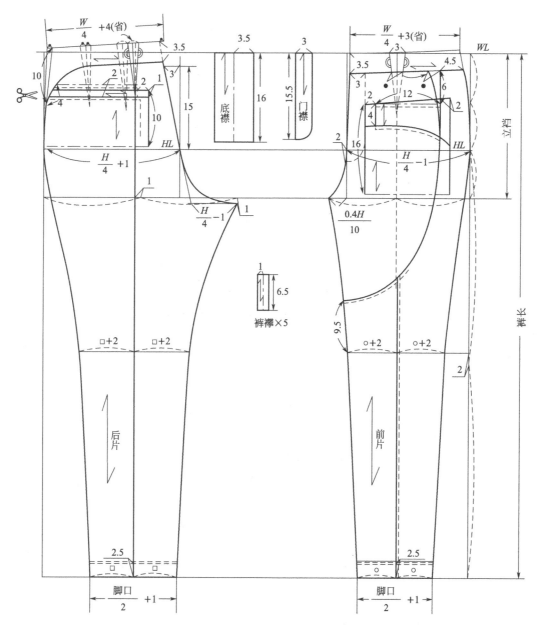

图5-77　低腰分割线组合锥形裤结构图

3. 后腰省的结构处理

先沿着袋口下线剪开,再将后腰中的省合并,将腰省量转移到袋口下线中,如图5-78所示。

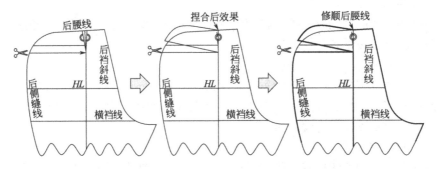

图5-78　低腰分割线组合锥形裤后腰省的结构处理图

4. 前后腰的结构处理

将前、后腰片由裤片中分离出来复核合并,完成腰的结构处理,如图5-79所示。

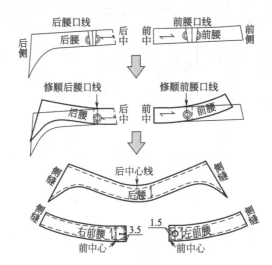

图5-79　低腰分割线组合锥形裤腰的结构处理图

5. 前后袋布、垫袋的结构处理

根据口袋的形状,设计出袋布、垫袋的形状,如图5-80所示。

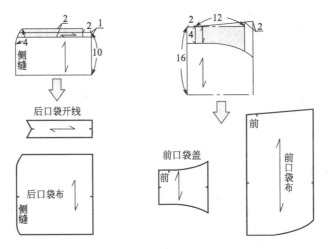

图5-80　低腰分割线组合锥形裤前后袋布、垫袋的结构处理图

十一、自然褶分割线组合锥形裤

（一）款式说明

1.款式特征

本款分割线与自然褶组合锥型裤是由基本锥型裤所变化得来的一种裤型，主要适合于年轻人穿着。其特点为腰头较低，很符合时代所流行的趋势，整体比较收身，选用弹力面料，臀围松量较少，能够很好地勾勒出女性的人体腿部曲线美，如图5-81所示。

（1）裤身构成

在结构造型上，上裆较一般裤子略有减少，较短；臀围收紧；裤筒从臀围至脚口逐渐变窄；前、后裤片腰口不收省不做褶；前开门，绱拉链。

（2）腰

绱腰头，右搭左，在腰头处锁扣眼，绱纽扣。

（3）拉链

缝合于裤子前开门处，其长度一般比门襟短1cm左右，颜色与面料一致。

（4）纽扣

直径为1cm的扣子1粒，用于腰口处。

2.自然褶分割线组合锥形裤结构原理分析

本款服装设计的重点有2个，如图5-82所示。

① 低腰的设计。

② 碎褶的创意设计。

（二）自然褶分割线组合锥形裤面料、辅料的准备

制作一条裤子首先要先了解和购买裤子的面料和辅料以及常用量，见表5-32。

（三）自然褶分割线组合锥形裤结构制图

准备好制图工具，包括测量好的尺寸表，画线用的直角尺、曲线尺、方眼定规、量角器，测量曲线长度的卷尺。

作图纸的选择是四六开的牛皮纸（1091mm×788mm），易于操作并且大小合适，制图时要选择纸张光滑的一面，便于擦拭，不易起毛破损。

1.制定自然褶分割线组合锥形裤成衣尺寸

成衣规格为160/68A，依据GB/T 1335.2—2008《服装号型女子》制定。基准测量部位以及参考尺寸如表5-33所示。

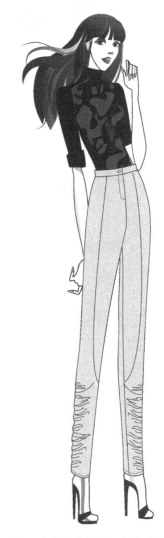

图5-81　自然褶分割线组合锥形效果图

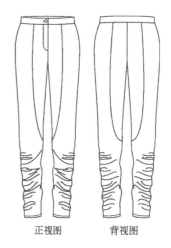

正视图　　　背视图

图5-82　自然褶分割线组合锥形裤款式图

表5-32　自然褶分割线组合锥形裤面料、辅料的准备

常用面料		考虑到使本款裤型穿着在人体上能够完美呈现女性腿形修长的美感，可用天然纤维和化学纤维的面料。例如全棉面料、仿牛仔弹力面料、弹力灯芯绒面料、弹力仿平绒面料等，使着装者穿着更加舒适。面料幅宽：144cm、150cm或165cm 基本估算方法：裤长＋缝份5cm，如果需要对花、对格子时应当追加适当的量
常用辅料	衬	幅宽为90cm或112cm，用于裤腰里 厚黏合衬。采用布衬可缓解裤腰在长期穿用过程中发生的变形
		幅宽为90cm或120cm（零部件），用于裤腰面、前后裙片下摆、底襟等部件 薄黏合衬。采用纸衬，在缝制过程中起到加固作用，可防止面料变形造成的不易缝制或出现拉长的现象
	纽扣或裤钩	直径为1cm的纽扣或裤钩1粒，用于腰口处
	拉链	缝合于裤子前门襟的拉链，牛仔裤普遍运用金属拉链，长度为15～18cm
	线	可以选择结实的普通涤纶缝纫线

表5-33　自然褶分割线组合锥形裤成衣规格　　　　　　　　　　　　单位：cm

部位名称	裤长	（制图腰围）	腰围	臀围	立裆	脚口	腰宽
规格尺寸	94	72	81.5	92	26	30	2.5

2.自然褶分割线组合锥形裤的裁剪制图

本款是一款组合锥形裤型设计，在锥形裤上有分割线和褶的设计。

本款式版型设计的重点有3个。

① 按照款式需求，在基本裤型基础上降低腰线位置，解决臀部与腰部之间所带来的差量。

② 曲面腰线的处理。考虑到面料裁剪节约以及曲线腰裁片纱向的因素，因此需要将曲线腰头裁片进行调整。

③ 裤腿两侧的碎褶设计。本款的前片分割线没有结构意义，起到的是装饰美观的作用，后片分割线解决了后腰省量，如图5-83所示。

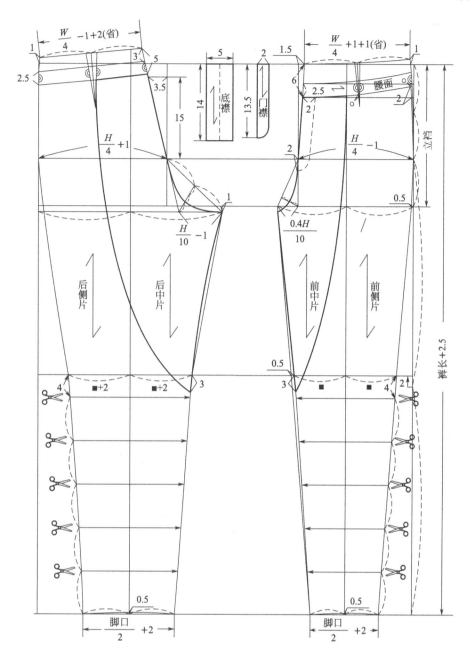

图5-83　自然褶分割线组合锥形裤结构图

3.曲面腰线的处理

曲面腰线的处理是本款的一个重点，将前后腰面由结构图中分离出来，整合合并，绘制出新的曲线腰面，在工业处理上，由于腰头拼接处理后弯曲度过大，因而不利于工业裁片处理以及由于曲度大带来的面料纱向斜度过大导致腰头易变形等不良影响，故人为地将其弯曲度修顺弄平缓些，如图5-84所示。

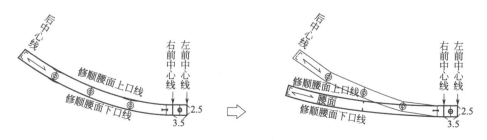

图5-84　自然褶分割线组合锥形曲线腰结构处理图

4. 裤片碎褶的处理

碎褶的处理是本款的另一个重点，在前、后裤片上按照切展线分别对裤片进行切展处理，本款碎褶的设计量为20cm，褶量的大小要根据面料的厚度决定，越厚的面料其褶量越小；在侧缝线上用橡筋收拢，橡筋的使用要依据其弹性伸长率来计算，如图5-85所示。

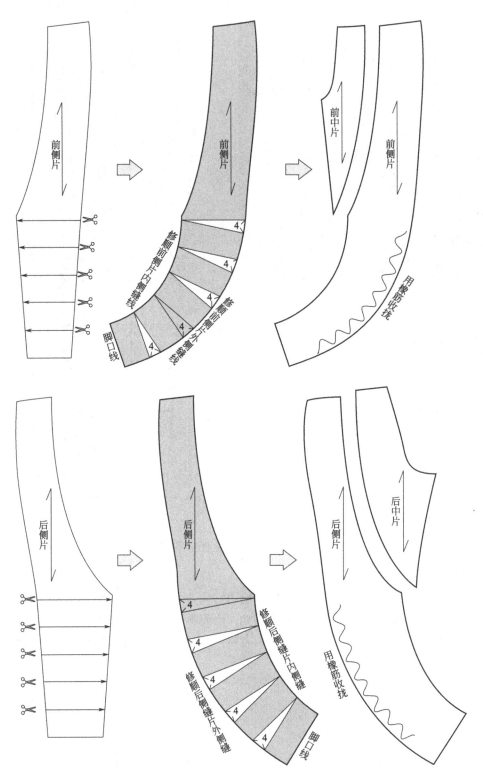

图5-85 自然褶分割线组合锥形裤裤片随摺裥结构处理图

十二、低腰喇叭裤

（一）低腰喇叭裤款式说明

1. 款式特征

喇叭裤的外形与锥型裤相反，呈梯形状。紧身喇叭裤，其主要着重表现出人体臀部的丰满美以及人体腿部装饰性的曲线美，同时，裤子的长度需要适当加长，应盖住脚背，因此，其裤口线也应该稍作处理，前裤口线略内凹，后裤口线略向外凸出，穿上之后使裤口呈现前短后长的斜线状，以符合腿部造型。

从本款的外观造型上来看，腰部、臀部以及中档部位较为贴体，中档至脚口部位呈现喇叭造型，如图5-86所示。

（1）裤身构成

在结构造型上，上档较一般裤子略有减少，较短；臀围收紧；膝围变瘦，脚口较肥；前裤片腰口不收褶，设有插袋；后裤片腰口设有单省；前开门，绱拉链。

（2）腰

绱腰头，右搭左，在腰头处锁扣眼，绱纽扣。

（3）拉链

缝合于裤子前开门处，其长度一般比门襟短1cm左右，颜色与面料一致。

（4）纽扣

直径为1cm的二合扣1粒，用于腰头处。

2. 低腰喇叭裤结构原理分析

本款服装设计的重点有两个，如图5-87所示。

① 裤子低腰的设计。

② 前片口袋省的创意设计。

（二）低腰喇叭裤的面料、辅料准备

制作一条裤子首先要先了解和购买裤子的面料和辅料以及常用量，见表5-34。

（三）低腰喇叭裤结构制图

准备好制图工具，包括测量好的尺寸表，画线用的直角尺、曲线尺、方眼定规、量角器，测量曲线长度的卷尺。

作图纸的选择是四六开的牛皮纸（1091mm×788mm），易于操作并且大小合适，制图时要选择纸张光滑的一面，便于擦拭，不易起毛破损。

1. 制定低腰喇叭裤成衣尺寸

成衣规格为160/68A，依据GB/T 1335.2—2008《服装号型女子》制定。基准测量部位以及参考尺寸如表5-35所示。

图5-86　低腰喇叭裤效果图

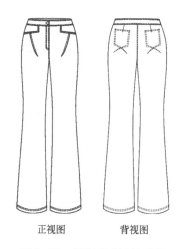

正视图　　　　背视图

图5-87　低腰喇叭裤款式图

表5-34 低腰喇叭裤面料、辅料的准备

常用面料		本款服装面料的选择较为广泛，棉、亚麻、涤纶、锦纶、羊毛、腈纶、氨纶、莱卡等面料，可根据各自的喜好和习惯随意选购，如中厚印花棉布、斜纹布料等具有弹性的面料均可 面料幅宽：144cm、150cm或165cm 基本估算方法：裤长＋缝份5cm，如果需要对花、对格子时应当追加适当的量
常用辅料	衬	幅宽为90cm或112cm，用于裤腰里 厚黏合衬。采用布衬可缓解裤腰在长期穿用过程中发生的变形
		幅宽为90cm或120cm（零部件），用于裤腰面、前后裙片下摆、底襟等部件 薄黏合衬。采用纸衬，在缝制过程中起到加固作用，可防止面料变形造成的不易缝制或出现拉长的现象
	纽扣	直径为1cm的二合扣1粒，用于腰口处
	拉链	缝合于裤子前门襟的拉链，牛仔裤普遍运用金属拉链，长度为15～18cm
	线	可以选择结实的普通涤纶缝纫线

表5-35 低腰喇叭裤成衣规格　　　　　　　　　　　　　　　　　单位：cm

部位名称	裤长	腰围	臀围	立裆	中裆	脚口	腰宽
规格尺寸	99	81.6	94	26	44	52	3

2.低腰喇叭裤的裁剪制图

本款服装裁剪制图的重点有3个。

① 按照款式需求，在基本裤型基础上降低腰线位置，解决臀部与腰部之间所带来的差量。

② 曲面腰线的处理。

③ 平插袋口袋位置的确立，按款式所示，在前片口袋部位设计功能性立体省，在视觉上起到了画龙点睛的作用，具体裁片结构制图，如图5-88所示。

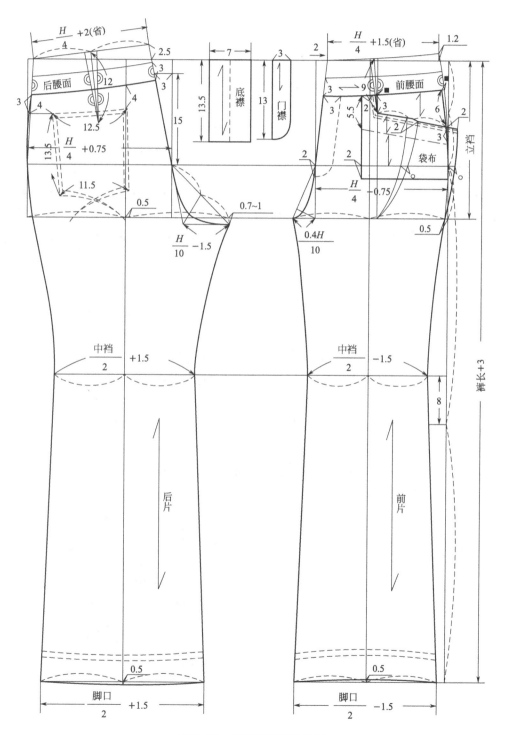

图5-88　低腰喇叭裤结构图

3.确定前口袋立体省，修正前侧缝线

本款的省没有结构意义，起到的是装饰美观的作用，由前省尖作垂线交与臀围线，确定出前口袋立体省尖，将前平插袋线平分，取省大2cm，由1/2点平分省大，按照款式设计分别与省尖点连圆顺，绘制完成前口袋立体省，延长前口袋大2cm，重现绘制出新的前侧缝线，如图5-89所示。

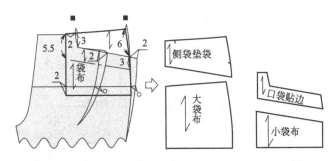

图5-89　低腰喇叭裤插袋结构处理图、插袋裁片分离板

4.曲线裤腰的结构处理

曲线腰在设计上所需要注意的问题：腰头曲度的调整以及长度的调整，以本款为例，前片腰头是直接由裤片上定出，后片采取拼合省道后定出，复核前后腰后，腰头的弯曲度较大不宜缝合，裁剪时比较废料，因而需将腰头的弯曲度适度调小，这样腰下口尺寸会略微变小，曲线腰的上下口皆为弧线，因此在结构处理上需要注意其纱向所产生的作用，目的是裤腰不出现上大下小，与人体腰部不贴合的现象，因而在制图的过程中可将腰面上口线尺寸人为地设计小一些，如图5-90和图5-91所示。

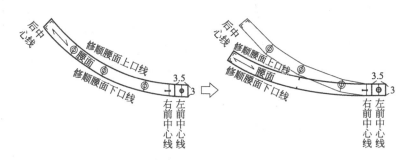

图5-90　低腰喇叭裤曲线腰结构处理图

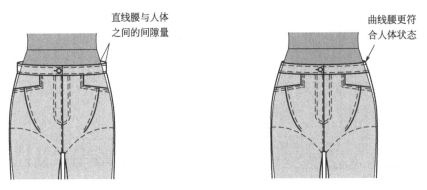

图5-91　低腰喇叭裤腰部结构分析图

第四节　流行时尚裤型裁剪与制作

一、低腰紧身铅笔裤

铅笔裤的特点是超低腰剪裁，可以对臀、腿部塑型，让臀部紧贴、腿线纤长，裤脚很瘦，整个裤子基本贴着腿。该类裤型从20世纪50年代至今仍然十分流行，与铅笔裙最能搭配的是紧身上衣，如今铅笔裤已经成为潮流达人们的橱柜必备款，可以打造各种风格的造型，以适应经常出席各种场合。

（一）款式说明

1.款式特征

本款裤型低腰、包腹、收臀，能够充分勾勒出女性的曲线美，使穿着者不仅看上去高挑出众，而且时尚大方，近年市场上较为流行，深受青年女性朋友们的喜爱，如图5-92所示。

（1）裤身构成

前裤片、后裤片、前侧片、后育克、后贴袋、前月牙插袋、门襟、底襟、裤腰、裤襻。从臀围至下摆略显锥型，腰部装腰头，前后无省，裤前中处绱拉链。

（2）腰

绱腰头，右搭左，在腰头处锁扣眼，绱纽扣。

（3）拉链

缝合于裤子前开门处，其长度一般比门襟短1cm左右，颜色与面料一致。

（4）纽扣

直径为1.2cm的纽扣1粒，用于裤腰底襟。

2.低腰紧身铅笔裤结构原理分析

本款服装设计的重点有3个，如图5-93所示。

（1）低腰设计

这是近些年来市面上比较流行的元素之一，能够充分地彰显出现代都市女性的成熟、性感、魅力，低腰处理能够很好地解决臀腰差过大所引起的结构问题，并且由于腰线的降低，故将裤腰设计成曲线，这样能够更好地贴合人体。

（2）分割线的处理

按照本款款式的要求，将裤子的各大裁片分割线按照造型比例合理地加以设置，使其能够准确体现出设计者的意图，并且这些分割线的设置起到的是装饰美观作用，可以说是本款服装的一大亮点。

（3）挺缝线（烫迹线）的偏移处理

挺缝线的偏移是本款服装所要讲解的重点之一。

图5-92　低腰紧身铅笔裤效果图

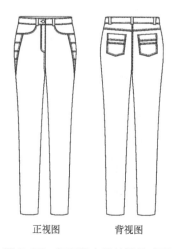

正视图　　　　背视图

图5-93　低腰紧身铅笔裤款式图

（二）低腰紧身铅笔裤面料、辅料的准备

制作一条裤子首先要先了解和购买裤子的面料和辅料以及常用量，见表5-36。

表5-36　低腰紧身铅笔裤面料、辅料的准备

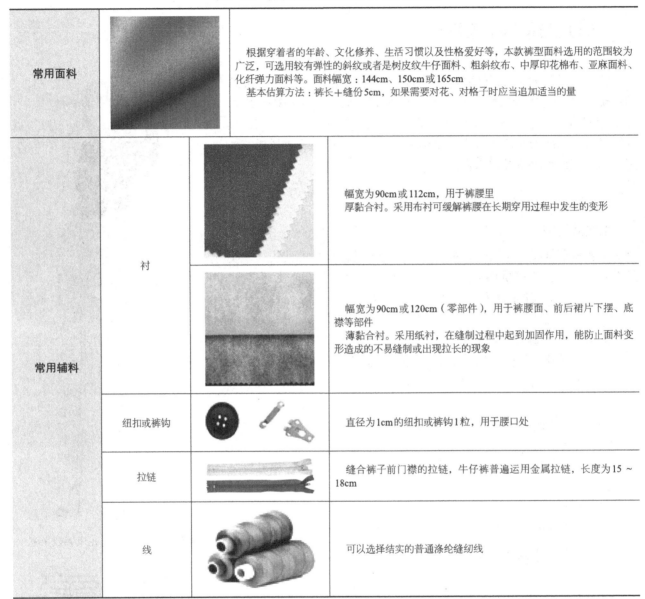

常用面料		根据穿着者的年龄、文化修养、生活习惯以及性格爱好等，本款裤型面料选用的范围较为广泛，可选用较有弹性的斜纹或者是树皮纹牛仔面料、粗斜纹布、中厚印花棉布、亚麻面料、化纤弹力面料等。面料幅宽：144cm、150cm或165cm 基本估算方法：裤长＋缝份5cm，如果需要对花、对格子时应当追加适当的量
常用辅料	衬	幅宽为90cm或112cm，用于裤腰里 厚黏合衬。采用布衬可缓解裤腰在长期穿用过程中发生的变形
		幅宽为90cm或120cm（零部件），用于裤腰面、前后裙片下摆、底襟等部件 薄黏合衬。采用纸衬，在缝制过程中起到加固作用，能防止面料变形造成的不易缝制或出现拉长的现象
	纽扣或裤钩	直径为1cm的纽扣或裤钩1粒，用于腰口处
	拉链	缝合裤子前门襟的拉链，牛仔裤普遍运用金属拉链，长度为15～18cm
	线	可以选择结实的普通涤纶缝纫线

（三）低腰紧身铅笔裤结构制图

准备好制图工具，包括测量好的尺寸表，画线用的直角尺、曲线尺、方眼定规、量角器，测量曲线长度的卷尺。

作图纸的选择是四六开的牛皮纸（1091mm×788mm），易于操作且大小合适，制图时要选择纸张光滑的一面，便于擦拭，不易起毛破损。

1.制定低腰紧身铅笔裤成衣尺寸

成衣规格为160/68A，依据GB/T 1335.2—2008《服装号型女子》制定。基准测量部位以及参考尺寸如表5-37所示。

表5-37　低腰紧身铅笔裤成衣规格　　　　　　　　　　　　　　　　单位：cm

部位名称	裤长	腰围	臀围	（制图立裆）	中裆	脚口	腰宽
规格尺寸	97.5	70	91	25.5	38	32	3

2.低腰紧身铅笔裤的裁剪制图

本款裤子的裁剪制图较为简单，在基本锥型裤的基础上，将裁片加以分割处理使其达到如本款款式图中的效果。本款式裁剪制图需要主要解决的问题是：挺缝线的偏移结构处理。

从人体美学上来分析，由于人体大腿的内侧肌肉比较发达，故应适当给予松量，因此在绘制裤子的横裆过程中应适当将裤子前后片的挺缝线人为地往外侧缝适当偏移。从整体服装的造型美观上来分析，由于裤子前、后片挺缝线的偏移使得外侧缝与臀围相交处更加平顺，在碰到臀腰差过大的情况下，挺缝线的偏移会使得侧缝不会鼓起"包"（注意：这些都是需要在较紧身的裤型当中考虑的，越宽松的裤子，这些影响的因素就越小，故裤子前、后片挺缝线偏移量的大小与整个裤子的宽松度成正比），如图5-94所示。

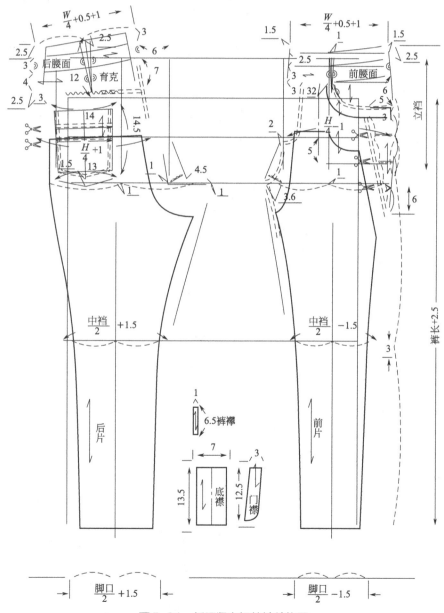

图5-94　低腰紧身铅笔裤结构图

3. 后腰育克、腰的结构处理

将后腰育克省合并，完成后腰育克结构处理；将前、后腰片由裤片中分离出来并复核合并，完成腰的结构处理，如图5-95所示。

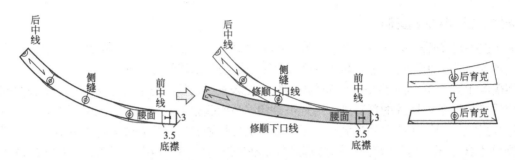

图5-95　低腰紧身铅笔裤育克、腰头结构处理图

4. 前侧片的结构处理

将前侧片分离出来切展放量，褶量的大小为设计量，要根据款式需求和面料的厚度进行设计，完成前中片结构处理，如图5-96所示。

5. 后贴袋的结构处理

将前后贴袋裁片从结构图中分离出来进行切展放量，褶量的大小为设计量，要根据款式需求和面料的厚度进行设计，完成前中片结构处理，如图5-97所示。

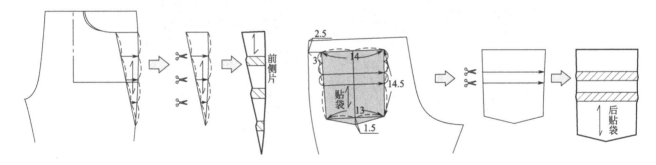

图5-96　低腰紧身铅笔裤前侧片结构处理图　　图5-97　低腰紧身铅笔裤后贴袋裁片结构处理图

5. 前月牙插袋的结构处理

将前插袋所涉及的各裁片部分从结构图中分离出来进行裁片的结构处理，如图5-96所示。
前月牙插袋的裁片结构处理图以及本款插袋的各裁片的分解，如图5-98所示。

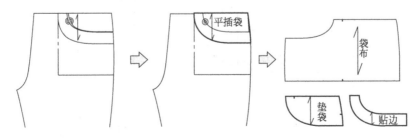

图5-98　低腰紧身铅笔裤前月牙插袋裁片处理图

二、高腰褶裥哈伦裤

哈伦裤一直都是时尚人士最爱的裤款之一。哈伦裤可随意改变的裤子裆部大小，有时也被称作胯裆裤（Hip pants）、掉裆裤、萝卜裤、胯裤（Hip pants）、锥形裤（Tapered pants）等，有的哈伦裤太过宽松，看起来像是嘻哈裤，有些哈伦裤为了增加臀部和裤口的视觉比例，夸张臀部尺寸并缩小裤口尺寸。哈伦裤的特点是裤裆宽松，大多会比较低，裤管比较窄。

（一）款式说明

1.款式特征

高腰褶裥哈伦裤是当代青年女性朋友们所青睐的基本款式之一，款式的特点为裤长短，腰线上抬，臀部极其宽松，穿着起来休闲舒适、美丽、大方，如图5-99所示。

（1）裤身构成

结构造型上，前裤片、后裤片均含有褶裥设计量，带裤襻，腰带。

（2）腰

根据款式的需要，配一条长110cm的腰带。

（3）拉链

缝合于裤子前裆缝，长度比门襟短1cm左右，颜色与面料一致。

（4）纽扣

直径为1cm的扣子2粒，用于腰头处。

2.高腰褶裥哈伦裤结构原理分析

本款服装设计的重点有2个，如图5-100所示。

① 高腰的设计。

② 前、后裤片褶裥量设计。

（二）高腰褶裥哈伦裤面料、辅料的准备

制作一条裤子首先要先了解和购买裤子的面料和辅料以及常用量，见表5-38。

（三）高腰褶裥哈伦裤结构制图

准备好制图工具，包括测量好的尺寸表，画线用的直角尺、曲线尺、方眼定规、量角器，测量曲线长度的卷尺。

作图纸的选择是四六开的牛皮纸（1091mm×788mm），易于操作并且大小合适，制图时要选择纸张光滑的一面，便于擦拭，不易起毛破损。

1.制定高腰褶裥哈伦裤成衣尺寸

成衣规格为160/68A，依据GB/T 1335.2—2008《服装号型女子》制定。基准测量部位以及参考尺寸如表5-39所示。

图5-99　高腰褶裥哈伦裤效果图

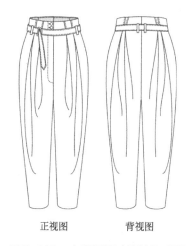

正视图　　　　背视图

图5-100　高腰褶裥哈伦裤款式图

表5-38　高腰褶裥哈伦裤面料、辅料的准备

常用面料		面料选择的范围较广，根据季节和个人喜好的不同可选用悬垂感较强的面料，也可以选择如涤棉混纺、带氨纶的弹性面料、拉架棉（莱卡棉）面料等 面料幅宽：144cm、150cm或165cm 基本估算方法：裤长＋缝份5cm，如果需要对花、对格子时应当追加适当的量
常用辅料	衬	幅宽为90cm或112cm，用于裤腰里 厚黏合衬。采用布衬可缓解裤腰在长期穿用过程中发生的变形
		幅宽为90cm或120cm（零部件），用于裤腰面、前后裙片下摆、底襟等部件 薄黏合衬。采用纸衬，在缝制过程中起到加固作用，可防止面料变形造成的不易缝制或出现拉长的现象
	纽扣或裤钩	直径为1cm的纽扣或裤钩1粒，用于腰头处
	拉链	缝合于裤子前门襟的拉链，牛仔裤普遍运用金属拉链，长度为15～18cm
	线	可以选择结实的普通涤纶缝纫线

表5-39　高腰褶裥哈伦裤成衣规格　　　　　　　　　　　　　单位：cm

部位名称	裤长	腰围	臀围	脚口
规格尺寸	87	88	132	33.5

2.高腰褶裥哈伦裤的裁剪制图

本款是在锥形裤型的基础上加上褶的设计，款式结构裁剪制图需要注意以下3点。

（1）高腰的结构设计

依据款式设计在原型的基础上将原型中的腰线平行抬升8cm（设计量），由于本款款式不含腰头部分，属连腰设计，需要注意的是高腰口的设计，要依据人体的状态将腰上口收量由腰围线的收量逐渐减小，高腰位的设计在腰的上口线上容易出现不服帖的现象，要调整好腰上口的尺寸。连腰设计腰口处需要设计贴

边，贴边量5cm（设计量）。

（2）前、后裤片褶裥量设计

本款的前、后片褶量设计十分美观，在裤子的前、后裤片上设计的两个大的活褶，可改变裤子造型，使裤子由简单的锥形裤变为带立体褶的哈伦裤，本款的两个褶裥，其褶裥展开量均为8cm（设计量），分别由侧缝向前、后中心线方向扣合。

（3）由于本款服装较为宽松，故人体裆部下面的自由区可适度放量，其应当与裤子的整体宽松度成正比。

本款的腰带设计与整体结构设计相呼应，不必完全系紧，起到装饰作用；同时，如果腰的上口线不合体时，可用腰带来调节。

由于本款服装结构较为简单，具体结构的处理可参照本款结构图，如图5-101所示。

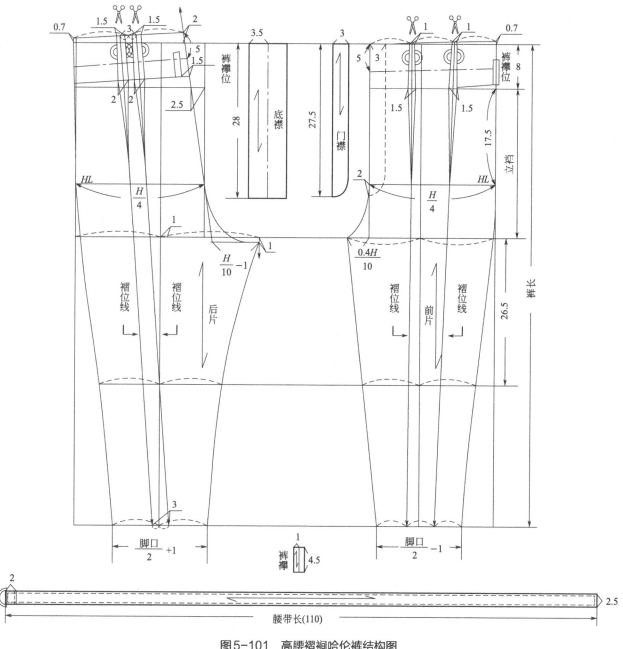

图5-101 高腰褶裥哈伦裤结构图

3.高腰褶裥哈伦裤裤腰贴边的结构处理

服装褶裥的结构处理如图5-102所示，腰口贴边结构处理如图5-103所示。

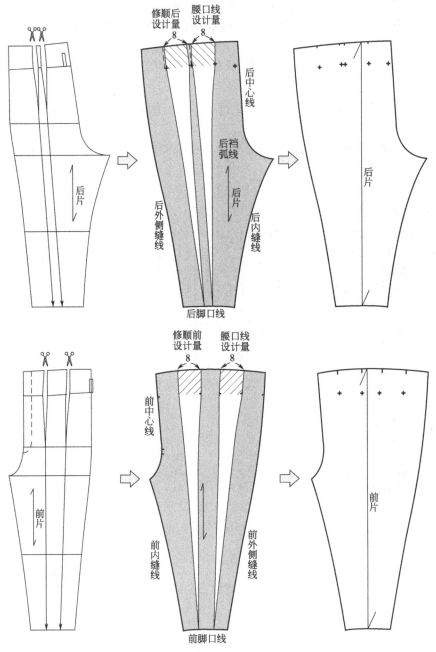

图5-102　高腰褶裥哈伦裤裤片结构处理图

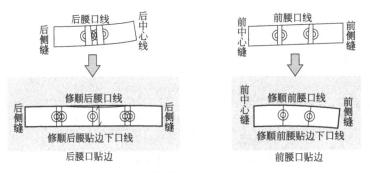

图5-103　高腰褶裥哈伦裤裤腰贴边结构处理图

三、较宽松组合哈伦裤

（一）款式说明

1.款式特征

本款裤子属于较宽松式的哈伦裤，在款式造型上属于上松下紧的状态。从腰部到臀部较宽松，然后由臀部到脚口慢慢收紧，无侧缝线。

本款裤型的袋布分割片不仅具有装饰性，还具有功能性，并且巧妙地将袋布蕴含其中，另外在前片曲线分割线上的独特的口袋造型，立体感十足。后片中分割线的设计使裤子更具流畅感，膝部的收褶设计，更贴合膝部曲线，方便活动；收窄裤脚的设计，彰显时尚感觉。在搭配上，可以与T恤衫、夹克衫、牛仔外套搭配穿着，尽显时尚休闲味道，如图5-104所示。

（1）裤身构成

在结构造型上，前片有曲线分割线，并且口袋蕴含在分割线中，后片有横向和竖向的曲线分割线并且膝部收褶，前后片臀部以上的拼合片中包含了袋布的设计，另外在拼合片上设置了立体的装饰边，后片装有袋盖的贴袋。前开门，绱拉链。

（2）裤腰

绱腰头，左搭右，并且在腰头处锁扣眼，绱纽扣。

（3）裤褶

前片2个裤褶，后片3个裤褶。

（4）拉链

缝合于裤子前开门处，长度比一般门襟短1cm左右，颜色应与面料的颜色一致。

（5）纽扣

直径为1cm的扣子1粒，用于腰头处。

2.较宽松组合哈伦裤结构原理分析

本款服装设计的重点有两个，如图5-105所示。

① 裤子分割线的创意设计。

② 口袋的创意设计。

（二）较宽松组合哈伦裤面料、辅料的准备

制作一条裤子首先要先了解和购买裤子的面料和辅料以及常用量，见表5-40。

（三）较宽松组合哈伦裤结构制图

准备好制图工具，包括测量好的尺寸表，画线用的直角尺、曲线尺、方眼定规、量角器，测量曲线长度的卷尺。

作图纸的选择是四六开的牛皮纸（1091mm×788mm），易于操作并且大小合适，制图时要选择纸张光滑的一面，便于擦拭，不易起毛破损。

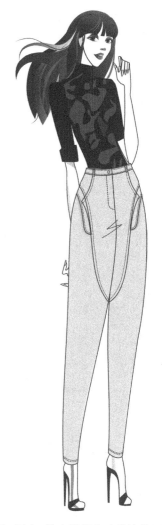

图5-104 较宽松组合哈伦裤效果图

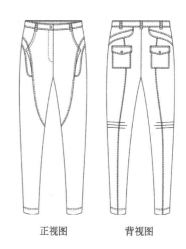

正视图　　　　背视图

图5-105 较宽松组合哈伦裤款式图

表5-40　较宽松组合哈伦裤面料、辅料的准备

常用面料		在面料的选择上，可以选用棉、麻、涤纶、牛仔、棉混纺等织物，可以根据需要选择不同风格的面料 面料幅宽：144cm、150cm或165cm 基本估算方法：裤长＋缝份5cm，如果需要对花、对格子时应当追加适当的量
常用辅料	衬	幅宽为90cm或112cm，用于裤腰里 厚黏合衬。采用布衬可缓解裤腰在长期穿用过程中发生的变形
		幅宽为90cm或120cm（零部件），用于裤腰面、前后裙片下摆、底襟等部件 薄黏合衬。采用纸衬，在缝制过程中起到加固作用，可防止面料变形造成的不易缝制或出现拉长的现象
	纽扣或裤钩	直径为1cm的纽扣或裤钩1粒，用于腰头处
	拉链	缝合于裤子前门襟的拉链，牛仔裤普遍运用金属拉链，长度为15～18cm
	线	可以选择结实的普通涤纶缝纫线

1.制定较宽松组合哈伦裤成衣尺寸

成衣规格为160/68A，依据GB/T 1335.2—2008《服装号型女子》制定。基准测量部位以及参考尺寸如表5-41所示。

表5-41　较宽松组合哈伦裤成衣规格　　　　　　　　　　　　　　　　　　　　单位：cm

部位名称	裤长	腰围	臀围	脚口	腰宽
规格尺寸	96	78.5	100	34	3

2.较宽松组合哈伦裤的裁剪制图

本款裤型属于较宽松式的哈伦裤，从腰部到臀部较宽松，然后由臀部到脚口慢慢收紧。本款裤型看似简单，但是在款式设计的细节处理上非常巧妙，简单而不平凡。

这款哈伦裤的裁剪制图主要注意以下几个方面。

（1）侧缝线的结构处理

由于本款裤型无侧缝线，因此在前后片的侧缝线设计时应尽量偏于直线以便于拼合，可以通过调节前后裆的倾斜度或腰部加放的省量大小来控制侧缝线的形态，从而方便结构处理上的操作。

（2）分割线的设计与处理

分割线的设计是按照款式造型的需要设置的。本款裤型前裤片曲线分割线的设计起到装饰美观的作用，能够很好地修饰人体的大腿部分，起到内敛显瘦的效果；后裤片竖向分割线的设计兼具功能性与装饰性，不仅分解掉了一部分后腰省量，而且还起到修饰腿型的效果。

（3）袋布分割片结构的创意处理

本款裤型将口袋巧妙地蕴含在前后拼合片中，不仅包含口袋的功能，而且在拼合片的后片中也分解掉了一部分的后腰省量。

（4）膝部收省的结构设计

本款裤型在膝部进行了收省的结构设计，从而使裤型更加完美，贴合于人体的膝部的曲线，使运动更加方便。可以通过两种方式来实现结构上的处理：一是在膝部直接增加褶裥量，通过褶裥的捏合达到预期的效果；二是在膝部直接收省，并且在脚口处增加省量，如图5-106所示。

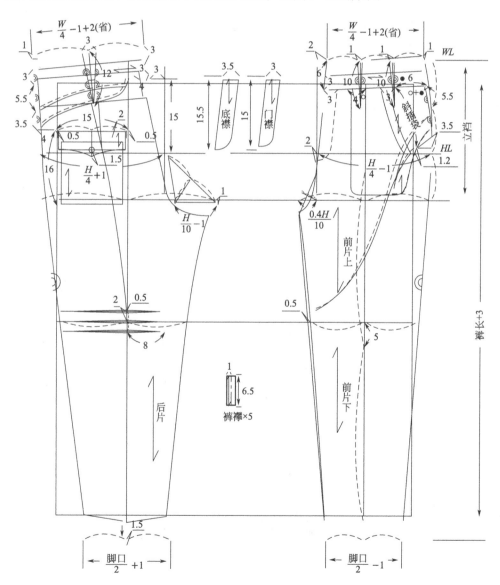

图5-106　较宽松组合哈伦裤结构制图

依据生产要求对纸样进行结构图的绘制，凡是有缝合的部位均需要复核修正。本款的结构处理有3个部位：第一部位为前侧片裁片、后侧片裁片的结构处理；第二部位为腰面的结构处理；第三部位为前口袋分割片、后横向分割片、前后装饰边裁片的结构处理。

3.前侧裁片、后侧裁片的结构处理图

将前后侧片由裤片中分离出来，并且将前后侧片在侧缝处进行拼接，形成一个完整的裁片，其结构处理图，如图5-107所示。

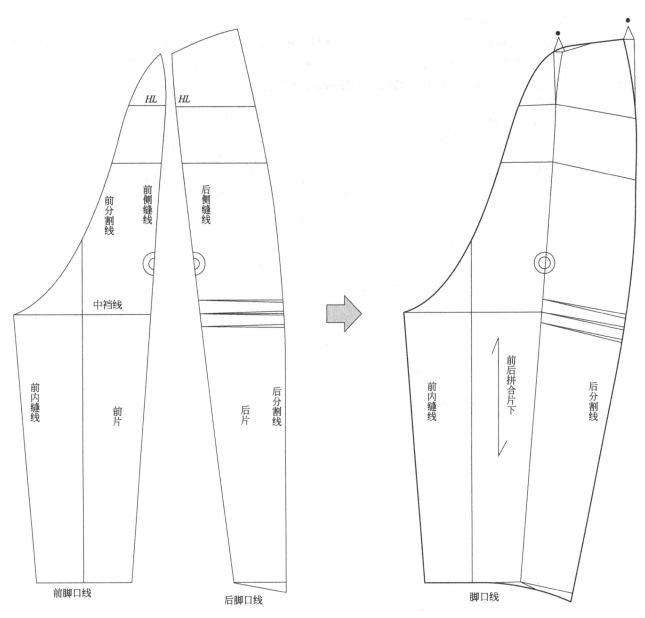

图5-107　较宽松组合哈伦裤前侧片、后侧片裁片结构处理图

4.腰面的结构处理

将前、后腰片由裤片中分离出来复核合并，从而完成腰的结构处理，如图5-108所示。

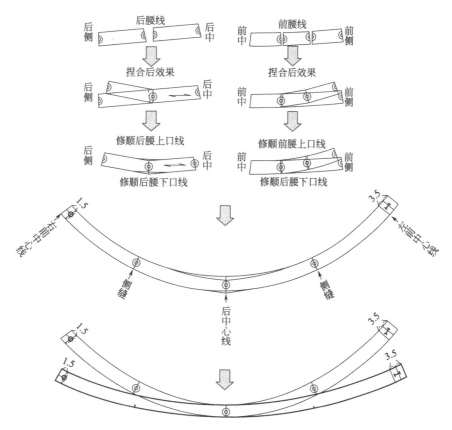

图5-108　较宽松组合哈伦裤腰面的结构处理图

5.前口袋分割片、后横向分割片、前后装饰边裁片的结构处理

将前口袋分割片、后横向分割片由裤片中分离出来，再将前口袋分割片与后横向分割片在侧缝处拼合形成一个完整的裁片，最后将后横向分割片中的省合并。修顺整个裁片的外轮廓线，并分离出口袋布、口袋贴边。将前后装饰边分别从裤片中分离出来，先将前、后装饰边在侧缝处拼合，再将后装饰边的省合并，最后修顺整个裁片的外轮廓线，如图5-109所示。

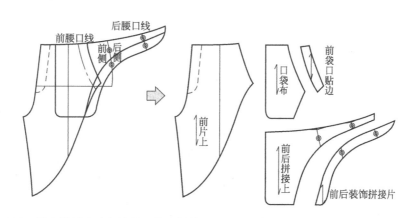

图5-109　较宽松组合哈伦裤前口袋分割片、后横向分割片、裤前、后装饰边裁片结构处理

四、弧线省萝卜裤

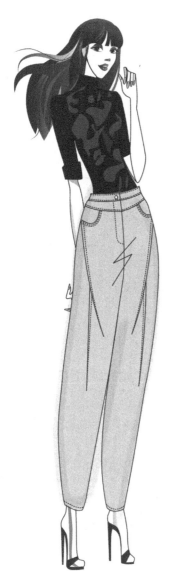

图5-110　弧形省萝卜裤效果图

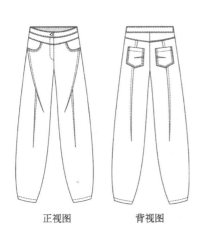

正视图　　　　背视图

图5-111　弧线省萝卜裤款式图

（一）款式说明

1.款式特征

本款裤形属于萝卜裤，从腰部到臀部合体，臀部以下慢慢变肥，在膝部上下的位置肥度达到最大，然后在脚口处收紧。前后育克的设计，起到收腹提臀的效果。本款最大的特点是前、后片中弧形省的设计，不仅使裤形富有变化，而且还可以起到修饰腿型的效果。在穿着上，可以与T恤衫、短外套等搭配，如图5-110所示。

（1）裤身构成

前片有前育克，前侧设有平插袋，在侧缝上袋口的位置有向前内缝收的弧形省，并在弧形省上设置了竖省；后片同样有后育克，也有向后内缝回收的弧形省，并且装后贴袋。前开门，绱拉链。

（2）裤腰

绱腰头，右搭左，并且在腰头处锁扣眼，绱纽扣。

（3）拉链

缝合于裤子前开门处，长度比门襟短1.5cm左右，颜色应与面料的颜色一致。

（4）纽扣

2粒直径为1cm的扣子，用于腰头处。

2.弧线省萝卜裤结构原理分析

本款萝卜裤的亮点在于裤子前、后片省道的创意设计，时尚韵味十足，装饰感强烈，很符合人们的审美个性心理需求，如图5-111所示。

（二）弧线省萝卜裤面料、辅料的准备

制作一条裤子首先要先了解和购买裤子的面料和辅料以及常用量，见表5-42。

（三）弧线省萝卜裤结构制图

准备好制图工具，包括测量好的尺寸表，画线用的直角尺、曲线尺、方眼定规、量角器，测量曲线长度的卷尺。

作图纸的选择是四六开的牛皮纸（1091mm×788mm），易于操作并且大小合适，制图时要选择纸张光滑的一面，便于擦拭，不易起毛破损。

1.制定弧线省萝卜裤成衣尺寸

成衣规格为160/68A，依据GB/T 1335.2—2008《服装号型女子》制定。基准测量部位以及参考尺寸如表5-43所示。

表5-42　弧线省萝卜裤面料、辅料的准备

常用面料		可选用棉麻布、混纺面料等，根据需要的不同可以选用不同风格的面料 面料幅宽：144cm、150cm或165cm 基本估算方法：裤长＋缝份5cm，如果需要对花、对格子时应当追加适当的量
常用辅料	衬	幅宽为90cm或112cm，用于裤腰里 厚黏合衬。采用布衬可缓解裤腰在长期穿用过程中的变形
		幅宽为90cm或120cm（零部件），用于裤腰面、前后裙片下摆、底襟等部件 薄黏合衬。采用纸衬，在缝制过程中起到加固作用，可防止面料变形造成的不易缝制或出现拉长的现象
	纽扣或裤钩	直径为1cm的纽扣或裤钩1粒，用于腰头处
	拉链	缝合于裤子前门襟的拉链。牛仔裤普遍运用金属拉链，长度为15～18cm
	线	可以选择结实的普通涤纶缝纫线

表5-43　弧线省萝卜裤成衣规格　　　　　　　　　　　　　　　　　单位：cm

部位名称	裤长	腰围	臀围	（制图立裆）	脚口	腰宽
规格尺寸	98	74	96	26	38	3

2.弧线省萝卜裤的裁剪制图

　　这是一款省道结构的肥腿裤设计，本款裤子与普通锥形裤的"倒梯形"造型相反，其腰部至臀围较为合体，在膝部上下的位置肥度达到最大，然后在脚口处收紧，形成了类似"正梯形"的造型效果。款式设计的重点是前后裤片中省的处理。本款的省比较特殊，通过省的设计使裤片呈现立体的造型效果。本款裤子前片由前侧缝至前内裆缝方向有一个弧形省，在弧形省与挺缝线的交点靠近侧缝方向至脚口线的方向有一个竖向省；裤子后片由后育克线至后内裆缝方向有一个弧形省，根据省的剪切与展开原理来处理前、后片中省的形状。本款的后口袋一侧设计出一个省，通过省道使口袋呈现立体效果，如图5-112所示。

　　基本造型完成后，修正纸样，完成结构处理图。依据生产要求对纸样进行结构处理图的绘制，凡是有缝合的部位均需复核修正，如裤口、腰口等，本款的结构处理有5部分。

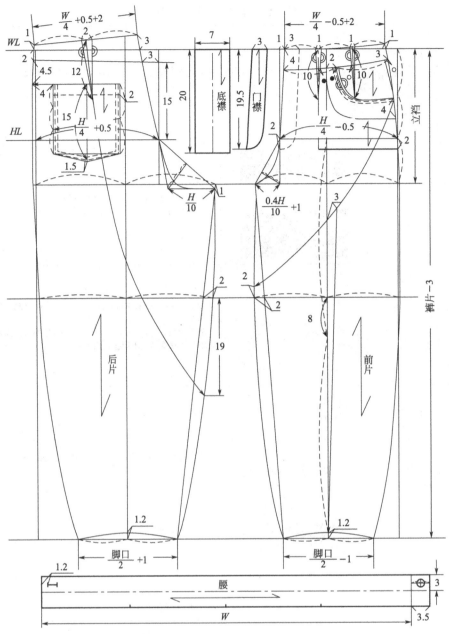

图5-112 弧形省萝卜裤结构制图

3.前片省位的处理

前片省有两个，一个是弧形省，另一个是竖向省，如图5-113所示。

（1）弧形省的确定

由弧线与侧缝线的交点处剪切至前内缝线上，以前内缝线与弧线的交点为固定点将弧线展开设计量4cm，确定出省的大小。然后通过其中点与前内缝线和弧线的交点连接圆顺，从而确定出省中线的位置；由前内缝线与弧线的交点处在省中线上向上量取8.5cm，确定出省尖的位置；然后与省的两端连接圆顺确定出弧形省的形状。

（2）竖向省的确定

由弧形省与竖线的交点处剪切至脚口宽的中点上，然后以脚口宽的中点为固定点将竖线向外展开设计量4cm，确定出省的大小。然后通过省大的中点与脚口宽的1/2点连接圆顺，确定出省的中线；在省的中线与脚口线的交点处向上量取23.5cm，确定出省尖的位置；然后与省的两端连接从而确定出省的形状。

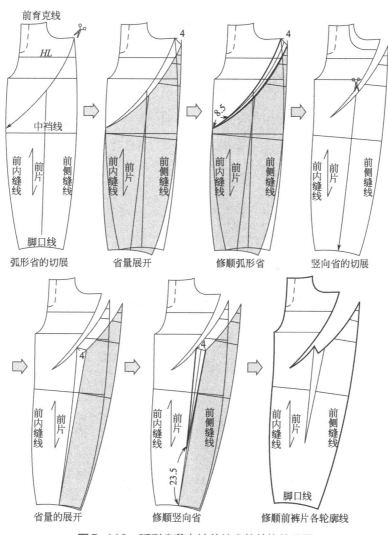

弧形省的切展 → 省量展开 → 修顺弧形省 → 竖向省的切展

省量的展开 → 修顺竖向省 → 修顺前裤片各轮廓线

图5-113　弧形省萝卜裤前片省的结构处理图

4.后片省位的处理

先将育克线截取的剩余的省量转移到分割线中，并将分割线修圆顺，然后以内缝线与分割线的交点处为固定点，将靠近后侧缝线的分割线向外展开一定的量，从而使两条分割线与育克线交点之间的距离为省的大小设计量，即4cm，然后由省大的中点与后内缝线和分割线的交点处连接确定出省的中线，并由中线与内缝线的交点处在中线上向上量取12.5cm，确定出省尖，并与省大的两端连接圆顺，从而确定出后片弧形省的形状，如图5-114所示。

5.前、后腰育克的处理

分别将前后片的中线固定，依次合并前后育克中的省，并将合并后的外轮廓线修圆顺，如图5-115所示。

6.前片平插袋的结构处理

将图5-116中的阴影部分与平插袋的袋口线合并，然后再将育克线及侧缝线处修圆顺。

7.后片贴袋省的处理

本款立体贴袋设计，袋布的一侧有一个省的设计，沿贴袋长度上的1/2点剪切至斜线上的另一点，并以该点为固定点，将斜线展开为设计量2cm，确定出省的大小；然后以省的中点与斜线和贴袋长度的交点连接确定出省的中线，并由省的中线与贴袋长的交点处在省中线上向上量取4cm，确定出省尖的位置；然后与省的两端连接从而确定出省的形状，当省合并后，形成立体贴袋造型，如图5-117所示。

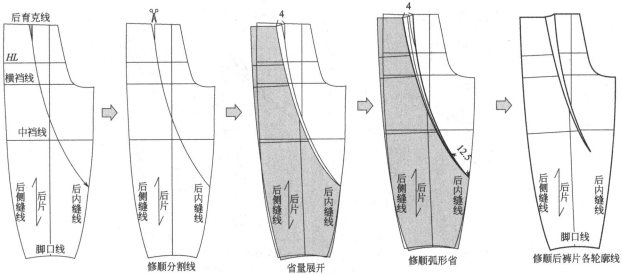

图5-114 弧形省萝卜裤后片省位的结构处理图

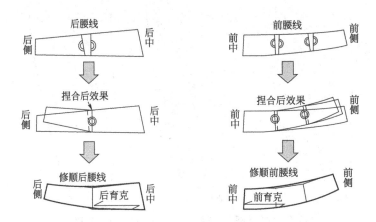

图5-115 弧形省萝卜裤前后育克的结构处理图

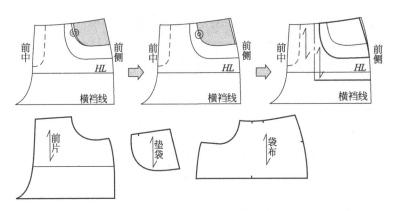

图5-116 弧形省萝卜裤平插袋结构处理图

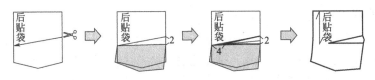

图5-117 弧形省萝卜裤后片贴袋省的结构处理图

五、热裤

热裤是一款非常挑身材的时尚裤型，要想穿得好看，就需要一双笔直而又匀称的美腿以及浑圆微翘的臀部。但是倘若热裤穿得不好就会给别人留下过分性感的印象。体型较胖的人与身材不高或者是小腿比较粗的女性最好不要选择，否则会遇到意想不到尴尬的局面。对于一些体型不够完美、身材不够完美的女性，应该把短裤作为避忌的对象，只有扬长避短才能使自身变得更加完美。

（一）款式说明

1.款式特征

本款热裤为牛仔造型，款式特点为腰部与臀部的松量较少，能够充分地凸显出女性的臀部曲线美，是年轻女性们最为青睐的基本时尚裤型之一，如图5-118所示。

（1）裤身构成

前裤片无褶裥，后裤片拼合育克，有设后贴袋，前月牙插袋，开前门，绱拉链。

（2）腰

绱腰头，左搭右，在腰头处锁扣眼，装钉"工"字型纽扣。

（3）拉链

缝合于裤子前开门处，其长度一般比门襟短1cm左右，颜色与面料一致。

（4）纽扣

1粒直径为1.5cm的二合扣（用于前门襟），十套装饰性铆扣（用于牛仔裤袋口）。

2.热裤结构原理分析

超短热裤在各裤型当中，属于现代所市场上所流行的基本裤型之一，如图5-119所示。

本款热裤在市面上较为流行，是比较经典的一款，因此其款式在局部设计上比较典型。

（二）热裤面料、辅料的准备

制作一条裤子首先要先了解和购买裤子的面料和辅料以及常用量，见表5-44。

图5-118　热裤效果图

正视图　　　　　　　背视图

图5-119　热裤款式图

表5-44　热裤面料、辅料的准备

常用面料		弹性是热裤面料的首要选择，不宜过薄，应当选用中厚型面料，如牛仔、纯棉、皮革等，这些面料为主 面料幅宽：144cm、150cm或165cm 基本估算方法：裤长＋缝份5cm，如果需要对花、对格子时应当追加适当的量
常用辅料	衬	幅宽为90cm或112cm，用于裤腰里 厚黏合衬。采用布衬可缓解裤腰在长期穿用过程中的变形
		幅宽为90cm或120cm（零部件），用于裤腰面、前后裙片下摆、底襟等部件 薄黏合衬。采用纸衬，在缝制过程中起到加固作用，可防止面料变形造成的不易缝制或出现拉长的现象
	纽扣或裤钩	1粒直径为1.5cm二合扣（用于前门襟），十套装饰性铆扣（用于牛仔裤袋口）
	拉链	缝合于裤子前门襟的拉链，牛仔裤普遍运用金属拉链，长度为15～18cm
	线	可以选择结实的普通涤纶缝纫线

（三）热裤结构制图

准备好制图工具，包括测量好的尺寸表，画线用的直角尺、曲线尺、方眼定规、量角器，测量曲线长度的卷尺。

作图纸的选择是四六开的牛皮纸（1091mm×788mm），易于操作并且大小合适，制图时要选择纸张光滑的一面，便于擦拭，不易起毛破损。

1.制定热裤成衣尺寸

成衣规格为160/68A，依据GB/T 1335.2—2008《服装号型女子》制定。基准测量部位以及参考尺寸如表5-45所示。

表5-45　热裤成衣规格　　　　　　　　　　　　　　单位：cm

部位名称	裤长	腰围	臀围	（制图立裆）	脚口	腰宽
规格尺寸	25	70	92	25	53.5	3

2.热裤的裁剪制图

热裤的结构设计与长裤的设计不同，由于热裤裤长很短，因此人体的臀凸距裤口较近，导致臀围至裤口线处有较大的空隙量，出现不贴体，要解决这样的弊病则需要加深后裤片的落裆量，如图5-120所示。

本款裤型比较贴体，前片设有平插袋，能够很好地解决臀腰差。本款裤型后片的裤口是向外凸，前片裤口向内凹，这些都是考虑到人体体型因素对服装的影响；腰线设计为曲线状态，这样更加贴体，如图5-121所示。

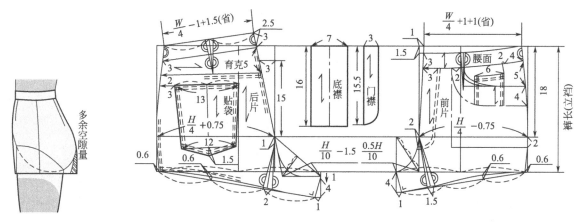

图5-120　女装热裤结构分析图　　　　　　　　　　　图5-121　女装热裤结构图

基本造型完成后，修正纸样，完成结构处理图。依据生产要求对纸样进行结构处理图的绘制，凡是有缝合的部位均需复核修正，如腰口、裤口等。

本款的结构处理有4部分：① 曲面腰线的处理；② 后育克的处理；③ 前片口袋的处理；④ 裤口的处理。

3.曲面腰线的处理

曲面腰线的处理是本款的一个重点，将前后腰面由结构图中分离出来，整合合并，绘制出新的曲线腰面，如图5-122所示。

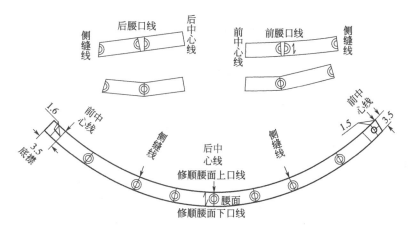

图5-122　热裤曲线腰结构处理图

4.后育克、前片口袋的处理

后育克的处理，将后育克的省合并，修顺上下口，完成育克制图；前片口袋处需要解决剩余的腰省，将前片省量合并，修顺腰口和侧缝线，完成口袋的分离处理，如图5-123所示。

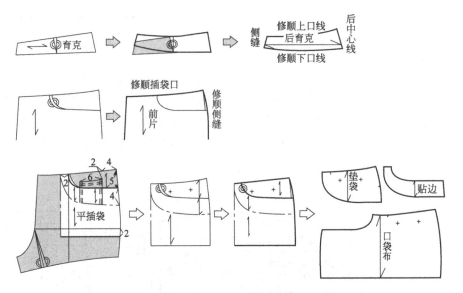

图5-123　热裤后育克、腰口线侧缝线、口袋处理图

5.裤口的处理

前后裤口的结构处理是本款的一个重点，在前后裤片上按照省位、省量，分别对裤片进行省道合并处理，最后修顺前后裤口，如图5-124所示。

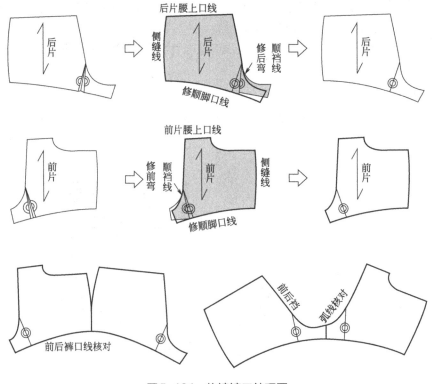

图5-124　热裤裤口处理图

六、吊裆裤

吊裆裤为了增加臀部和裤口的视觉比例，夸张臀部尺寸并缩小脚口尺寸，吊裆裤的特点是裤裆宽松，而且大多会比较低，裤管比较窄，系绳、罗文口或闭襟型的设计是目前最受年轻人喜欢的。

（一）款式说明

1.款式特征

本款吊裆裤的裤裆比较较低，臀部蓬松，脚口收紧，腰部为抽橡筋的结构。由于本款裤型属于八分裤，在视觉上不仅起到了修饰小腿的效果，还可以有效地遮掩臀部和大腿的缺点。可以与T恤、夹克、牛仔衬衫或是运动外套等搭配穿着，时尚、随意、休闲又不失俏皮气息，如图5-125所示。

（1）裤身构成

八分裤，长度及至小腿中部以下，前后裤片结构相同，脚口收紧。

（2）腰

绱腰头，采用抽橡筋的结构设计，宽度为4cm。

2.吊裆裤结构原理分析

吊裆裤在各裤型当中，属于现代所市场上所流行的基本裤型之一，如图5-126所示。

（二）吊裆裤面料、辅料的准备

制作一条裤子首先要先了解和购买裤子的面料和辅料，下面将详细介绍面辅料的选择以及常用量，见表5-46。

（三）吊裆裤结构制图

准备好制图工具，包括测量好的尺寸表，画线用的直角尺、曲线尺、方眼定规、量角器，测量曲线长度的卷尺。

作图纸的选择是四六开的牛皮纸（1091mm×788mm），易于操作并且大小合适，制图时要选择纸张光滑的一面，便于擦拭，不易起毛破损。

1.制定吊裆裤成衣尺寸

成衣规格为160/68A，依据女装号型GB/T 1335.2—2008《服装号型女子》制定。基准测量部位以及参考尺寸如表5-47所示。

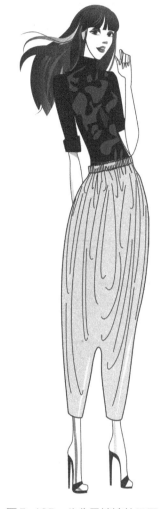

图5-125　八分吊裆裤效果图

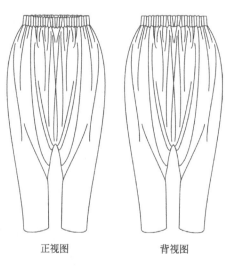

正视图　　　　　　背视图

图5-126　吊裆裤款式图

表5-46　吊裆裤面料、辅料的准备

常用面料		可以选用悬垂感好的棉涤混纺面料、亚麻或拉架面料等，可以根据需要选择不同档次、不同风格的面料 面料幅宽：144cm、150cm或165cm 基本估算方法：裤长＋缝份5cm，如果需要对花、对格子时应当追加适当的量
常用辅料	橡筋	根据款式的需要可选用不同的橡筋 橡筋宽度和腰宽相同，长度要根据橡筋的弹性伸长率计算
	线	可以选择结实的普通涤纶缝纫线

表5-47　吊裆裤成衣规格　　　　　　　　　　　　　　　　单位：cm

部位名称	裤长	腰围	（制图臀围）	臀围	立裆	中裆大	脚口	腰宽
规格尺寸	80	210	90	192	45	34	34	4

2.吊裆裤的裁剪制图

吊裆裤是一种特殊结构的裤型。

本款裤型前后片采取基本相同的制图方式，绘制结构图时根据臀围的尺寸加放量来确定制图中的腰围大小。臀围的加放量可以根据蓬松度的需要进行自由设计。立裆的长度可以根据款式和造型需要自由设定，但是要满足人体基本的舒适度要求，具体的制图如图5-127所示。

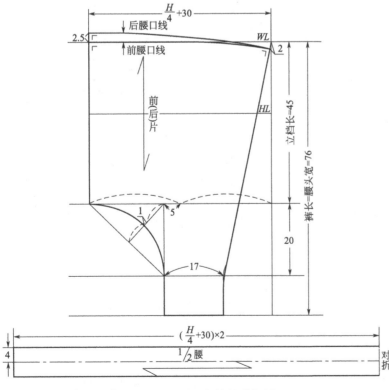

图5-127　八分吊裆裤的结构制图

七、六分灯笼裤

（一）款式说明

1.款式特征

本款式为裤口处绱有克夫的六分裤，六分裤的长度通常是指从腰线量至膝围线以下10～20cm，此款裤子原本为英国陆军的装束，大约到了20世纪20年代，越来越受到高尔夫爱好者的青睐并逐渐大众化。此后随着时代复古风的流行，市面上逐渐流行极长型的尼卡裤并将其组合，后称为袋状尼卡裤。这种裤子现在旅游、登山以及滑雪运动中穿着较多，是众多裤型当中最利于行走的一个样式。

本款六分裤为低腰，腹臀部较为服帖合身，款式时尚，主要适合年轻人穿着，如图5-128所示。

（1）裤身构成

前后裤片不设计腰省，腰面是以育克的形式拼接而成，腰头有两粒纽扣。前后脚口抽碎褶绱克夫而成，并且在脚口后克夫片上绱一粒纽扣系合。前裤片有抽褶，前片两侧设有斜插袋，前开门，绱拉链。

（2）腰

绱腰头，右搭左，在腰头处锁扣眼，绱纽扣。

（3）拉链

缝合于裤子前开门处，其长度一般比门襟短1cm左右，颜色与面料一致。

（4）纽扣

纽扣4粒，2粒用于腰口处，2粒用于裤口处。

2.六分灯笼裤结构原理分析

本款服装设计的重点有以下两点，如图5-129所示。
① 裤子前片摺裥的装饰设计。
② 裤子裤口克夫的设计。

（二）六分灯笼裤面料、辅料的准备

制作一条裤子首先要先了解和购买裤子的面料和辅料，下面将详细介绍面、辅料的选择以及常用量，见表5-48。

（三）六分灯笼裤结构制图

准备好制图工具，包括测量好的尺寸表，画线用的直角尺、曲线尺、方眼定规、量角器，测量曲线长度的卷尺。

作图纸的选择是四六开的牛皮纸（1091mm×788mm），易于操作并且大小合适，制图时要选择纸张光滑的一面，便于擦拭，不易起毛破损。

1.制定六分灯笼裤成衣尺寸

成衣规格为160/68A，依据我国GB/T 1335.2—2008《服装号型女子》制定。基准测量部位以及参考尺寸如表5-49所示。

图5-128　六分灯笼裤效果图

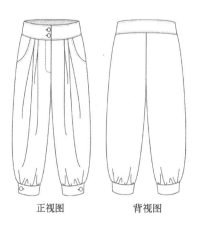

正视图　　　　　背视图

图5-129　六分灯笼裤款式图

表5-48　六分灯笼裤面料、辅料的准备

常用面料		面料的选用范围较广，可根据流行趋势的基本样式，多用白色或者是选用自然色彩的棉、麻以及天然纤维风格等的面料来制作 面料幅宽：144cm、150cm或165cm 基本估算方法：裤长＋缝份5cm，如果需要对花、对格子时应当追加适当的量
常用辅料	衬	幅宽为90cm或112cm，用于裤腰里 厚黏合衬。采用布衬可缓解裤腰在长期穿用过程中发生的变形
		幅宽为90cm或120cm（零部件），用于裤腰面、前后裙片下摆、底襟等部件 薄黏合衬。采用纸衬，在缝制过程中起到加固作用，可防止面料变形造成的不易缝制或出现拉长的现象
	纽扣或裤钩	直径为1.5cm的纽扣2个或一对裤钩（用于腰口处）
	拉链	缝合于裤子前门襟的拉链。牛仔裤普遍运用金属拉链，长度为15～18cm
	线	可以选择结实的普通涤纶缝纫线

表5-49　六分灯笼裤成衣规格　　　　　　　　　　　　　　单位：cm

部位名称	裤长	腰围	（制图臀围）	臀围	立裆	脚口
规格尺寸	71	72	94	112	26	33

2.六分灯笼裤的裁剪制图

本款裤子的造型结构较为简单，其裁剪制图的重点主要有以下3个。

① 前片褶裥的运用，能够充分增强其装饰性作用，也使得穿着者穿上之后更加舒适方便。

② 腰部曲线的设计，本款为低腰的宽腰面设计，要考虑人体体态的合适度。

③ 脚口克夫的运用，这点在本款裤型中的应用起到了画龙点睛的作用，裤口的收拢使裤子呈现灯笼裤的造型。

本款裤子具体的结构裁剪制图如图5-130所示。

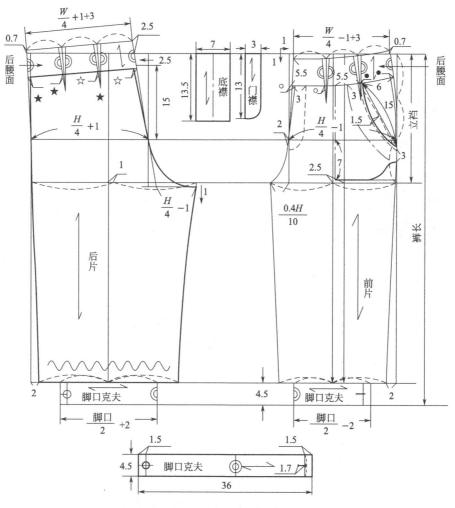

图5-130　六分灯笼裤结构图

3.六分灯笼裤的裁片处理

裤子的褶裥结构处理图，如图5-131所示。腰口结构处理图，如图5-132所示。

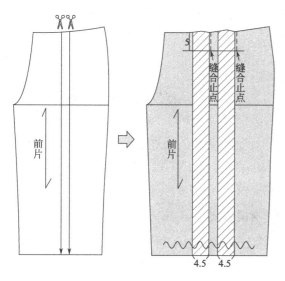

图5-131　六分灯笼裤前片结构处理图

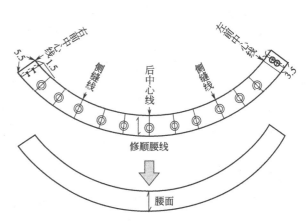

图5-132　六分灯笼裤腰面结构处理图

八、阔腿裤

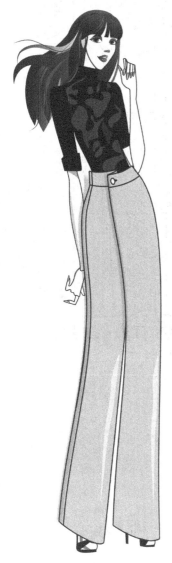

图5-133　阔腿裤效果图

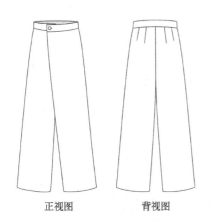

正视图　　　　　背视图

图5-134　阔腿裤款式图

（一）款式说明

1.款式特征

阔腿裤是指裤子脚口较为宽大的裤子。阔腿裤款式大方，有一种飘逸感，气质优雅，是女性们选择服装的重要标准。它可以遮盖女性不够完美的腿形，能够使穿着者变得更加自信，更具魅力。阔腿裤是都市熟女的最爱，它总是把女人的优雅和温柔，帅气和知性完美结合，宽松的轮廓有着男裤的简洁大气，贴身的裁剪又突出了女性朋友们的优美曲线，如图5-133所示。

（1）裤身构成

本款阔腿裤款式较为简单，后裤片设有两省，前裤片无省道，但加放出满足臀围尺寸的腰围尺寸，整个裤子并无开合设计，直接穿套。

（2）腰

绱腰头，在前腰带上设计出和扣，直接扣合，在前片形成一个左搭右的大褶。

（3）纽扣

直径为1cm的纽扣1粒，用于裤腰。

2.阔腿裤结构原理分析

本款阔腿裤的设计点是腰部的折叠设计，很新颖，很有时尚设计感，如图5-134所示。

（二）阔腿裤面料、辅料的准备

制作一条裤子首先要先了解和购买裤子的面料和辅料，下面将详细介绍面、辅料的选择以及常用量，见表5-50。

（三）阔腿裤结构制图

准备好制图工具，包括测量好的尺寸表，画线用的直角尺、曲线尺、方眼定规，量角器，测量曲线长度的卷尺。

作图纸的选择是四六开的牛皮纸（1091mm×788mm），易于操作并且大小合适，制图时要选择纸张光滑的一面，便于擦拭，不易起毛破损。

1.制定阔腿裤成衣尺寸

成衣规格为160/68A，依据GB/T 1335.2—2008《服装号型女子》制定。基准测量部位以及参考尺寸如表5-51所示。

表5-50　阔腿裤面料、辅料的准备

常用面料		面料的选择可根据自己的喜好、习惯、条件而定，如可选用高档丝光织锦缎、丝光棉等，一些具有悬垂感较好的面料 面料幅宽：144cm、150cm或165cm 基本估算方法：裤长＋缝份5cm，如果需要对花、对格子时应当追加适当的量
常用辅料	衬	幅宽为90cm或120cm（零部件），用于裤腰面、前后裙片下摆、底襟等部件 薄黏合衬。采用纸衬，在缝制过程中起到加固作用，可防止面料变形造成的不易缝制或出现拉长的现象
	纽扣或裤钩	直径为1cm的纽扣1粒（用于腰口处）
	线	可以选择结实的普通涤纶缝纫线

表5-51　阔腿裤成衣规格　　　　　　　　　　　　　　　　　　　单位：cm

部位名称	裤长	制图腰围	腰围	制图臀围	立裆	脚口	腰宽
规格尺寸	94	72	97	96	26	52	3

2.阔腿裤的裁剪制图

根据款式图所示，需要达到款式图中腰部活褶效果，故将前片进行剪切加量，增大腰围尺寸，根据款式特征、合理的宽松度以及腰部放量要求，应比基本的臀围大，综合这些因素来控制其翻搭量的大小，如图5-135所示。图3-136是其前片结构处理图。

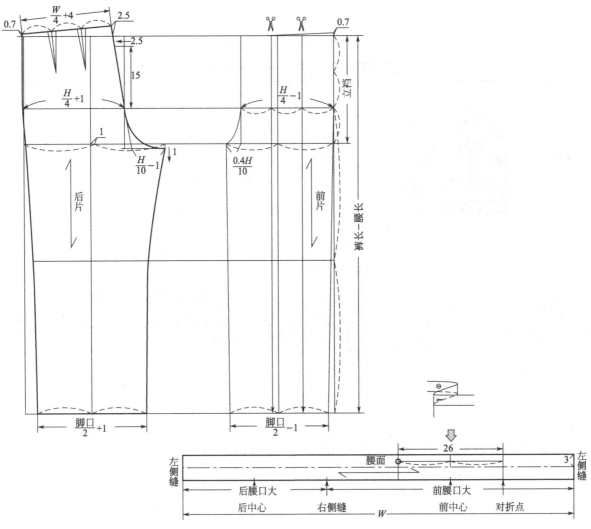

图5-135　阔腿裤结构图

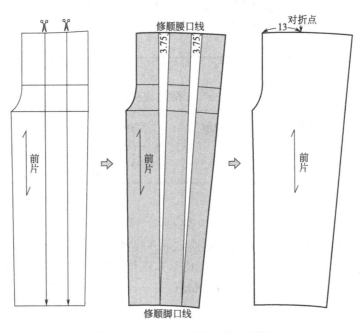

图5-136　阔腿裤前片结构处理图

九、裙裤

裙裤与裤子的相同点是有两个裤脚管，有横裆结构；不同点是裙裤的裤脚管趋于裙子的造型。裙裤与裙子的相同点是造型上同裙；不同点是裙子没有两裤脚管，没有横裆结构。

裙裤按长度可分为长裙裤、中裙裤、短裙裤。结构设计方法基本相同，只是在裙裤的长度上进行变化。长裙裤有飘逸洒脱之感；中裙裤有典雅文静之美；短裙裤有活泼可爱之美。

（一）款式说明

1.款式特征

本款裙裤具有裙子的风格和裤子的结构形式，它是裙子向裤子裆部结构过渡的模式，从腰围到臀围较贴身形态，底摆保持自然散开的形制。款式特点是束腰，上裆较长，臀围松量适宜，常用于夏、秋的下装，穿着舒服，如图5-137所示。

本款女裙款式适宜年龄范围较广，由于人们的年龄、文化修养、生活习惯、性格爱好不同，可选择不同色泽的裙裤料。裙裤穿在身上应显现修长飘逸，庄重大方的效果。

（1）裙裤身构成

结构造型上，前裤片、后裤片皆为单省，侧缝处有直插袋，前开门，绱拉链。

（2）腰

绱腰头，左搭右，并且在腰头处锁扣眼，绱纽扣。

（3）拉链

缝合于裤子前开门处，长度在18～20cm，颜色与面料色彩相一致。

（4）扣子

1粒直径为1cm的扣子（裤腰底襟）。

2.裙裤结构原理分析

本款裙裤的款式设计较为经典，很适合初学者及服装爱好者的参考学习，如图5-138所示。

图5-137 女裙裤效果图

正视图　　　　　　　　　　背视图

图5-138 裙裤款式图

（二）裙裤面料、辅料的准备

制作一条裤子首先要先了解和购买裤子的面料和辅料，下面将详细介绍面、辅料的选择以及常用量，见表5-52。

表5-52　裙裤面料、辅料的准备

常用面料		夏季一般选用悬垂性较好的天然纤维或化学纤维等面料，比如可选用棉麻布、水洗布、乔其纱、呢绒、涤纶柔姿纱等；秋季可选用中厚织物面料，比如毛纺织品中的女士呢、毛凡尔丁，毛花呢，毛涤纶等 面料幅宽：144cm、150cm或165cm 基本估算方法：裤长＋缝份5cm，如果需要对花、对格时应当追加适当的量
常用辅料	衬	幅宽为90cm或112cm，用于裤腰里 厚黏合衬。采用布衬可缓解裤腰在长期穿用过程中发生的变形
	纽扣或裤钩	1个直径为1cm的纽扣或裤钩，用于腰头处
	线	可以选择结实的普通涤纶缝纫线

（三）裙裤结构制图

准备好制图工具，包括测量好的尺寸表，画线用的直角尺、曲线尺、方眼定规、量角器，测量曲线长度的卷尺。

作图纸的选择是四六开的牛皮纸（1091mm×788mm），易于操作并且大小合适，制图时要选择纸张光滑的一面，便于擦拭，不易起毛破损。

1.制定裙裤成衣尺寸

成衣规格为160/68A，依据GB/T 1335.2—2008《服装号型女子》制定。基准测量部位以及参考尺寸如表5-53所示。

表5-53　裙裤成衣规格　　　　　　　　　　　　　　　　单位：cm

部位名称	裤长	腰围	臀围	立裆	脚口	腰宽
规格尺寸	63.5	70	100	25+2	53.5	3.5

2.裙裤的裁剪制图

裙裤虽然有裆部设计，但是其裆部的设计对于人体的影响很小，因此后中心线斜度不宜过大，后起翘量略小或下降，后片没有落裆。这些原因的决定性因素在于服装贴体度，以及根据所需绘制款式的变化而变化。本款裙裤的裁剪制图较为简单，如图5-139所示。

3.调整各个纸样

基本造型纸样绘制之后，就要依据生产要求对纸样进行结构处理图的绘制，凡是有缝合的部位均需复核修正，如下裆缝线、侧缝等。然后进行缝份加放。

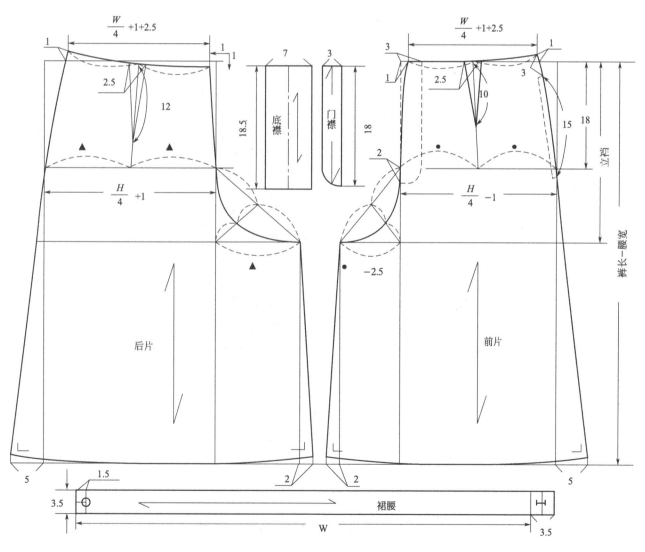

图5-139　女裙裤结构图

十、简易休闲一片裤

图5-140　简易休闲一片裤效果图

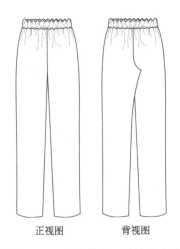

正视图　　　　背视图

图5-141　简易休闲一片裤款式图

（一）款式说明

本款简易休闲一片裤近两年较为流行，其裁剪简单，穿着舒适，时尚感强烈，是家庭主妇及各位服装爱好者们学做裤子的首选基础裤型，如效果图5-140所示。

（1）简易休闲一片裤裤身构成

结构造型上，裤片、腰头。前门闭合无开口设计，如图5-141所示。

（2）腰

绱松紧腰。

（二）简易休闲一片裤面料、辅料的准备

制作一条裤子首先要先了解和购买裤子的面料和辅料，下面将详细介绍面、辅料的选择以及常用量，见表5-54。

表5-54　简易休闲一片裤面料、辅料的准备

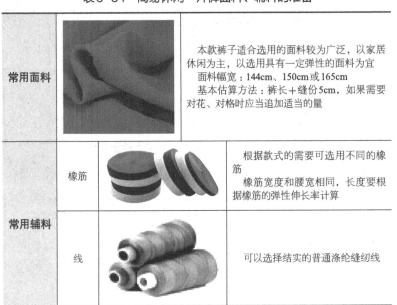

常用面料		本款裤子适合选用的面料较为广泛，以家居休闲为主，以选用具有一定弹性的面料为宜 面料幅宽：144cm、150cm或165cm 基本估算方法：裤长＋缝份5cm，如果需要对花、对格时应当追加适当的量
常用辅料	橡筋	根据款式的需要可选用不同的橡筋 橡筋宽度和腰宽相同，长度要根据橡筋的弹性伸长率计算
	线	可以选择结实的普通涤纶缝纫线

（三）简易休闲一片裤结构制图

准备好制图工具，包括测量好的尺寸表，画线用的直角尺、曲线尺、方眼定规、量角器，测量曲线长度的卷尺。

作图纸的选择是四六开的牛皮纸（1091mm×788mm），易于操作并且大小合适，制图时要选择纸张光滑的一面，便于擦拭，不易起毛破损。

1.制定简易休闲一片裤成衣尺寸

成衣规格为160/68A，依据GB/T 1335.2—2008《服装号型女子》制定。基准测量部位以及参考尺寸如表5-55所示。

表5-55　简易休闲一片裤成衣规格　　　　　　　　　　　　单位：cm

部位名称	裤长	（制图腰围）	臀围	立裆	脚口	腰宽
规格尺寸	96	97	102	26.5	50	4

2.简易休闲一片裤的裁剪制图

本款裤子较为简单，如图5-142所示。

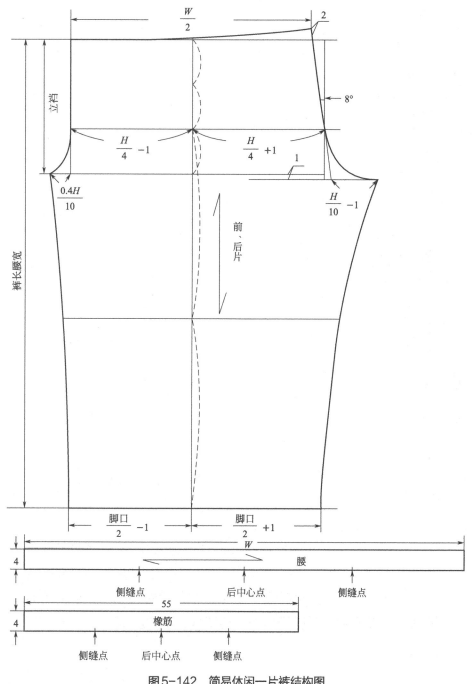

图5-142　简易休闲一片裤结构图

第六章 裤子的缝制工艺——直筒裤

裤子的缝制工艺

自己动手，制作衣服是件多么美妙的事情！

一件衣服制作的好不好直接影响着你的穿着效果。

想要亲手缝制一件合格的服装并不是一件容易的事。

对于每一个想要做裤子的新手来说，缝纫基本裤子是必不可少的基本功。

第一节 缝制的基础知识

一、缝纫机的使用简介

（一）缝纫机的发展及基本使用方法

对于每一个想要从事服装行业的新手来说，缝纫机的正确使用是必不可少的基础训练课程。一件衣服制作工艺的好坏直接影响着该款式的成衣效果，想要亲手缝制一件合格的服装并不是一件容易的事，我们平日里最为常见的缝纫机是电动平缝机，这种机器的运作原理是靠手脚控制并带动离合器电机传动。这种机器的离合器传动性能很灵敏，脚踏的力量越大，缝纫的速度也就会越快，反之缝纫速度则会很慢。通过脚踏用力的大小便可随意调整控制缝纫机的转数（缝纫速度），因此为了能够很好地控制这个机器，平日里要加强大量的训练，最终寻找到手脚与机器的默契感才能操作自如，随心所欲。

平缝机按照其具体用途可分为两大类：工业生产平缝机、家庭单件制作平缝机，如图6-1、图6-2所示。本书主要讲述家用平缝机单件制作服装的工艺流程情况。

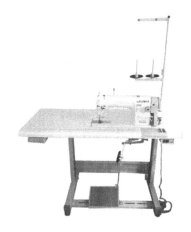

图6-1　工业生产平缝机

图6-2　家用平缝机

1.家用平缝机机身部位

家用平缝机机身部位讲解，如图6-3所示。

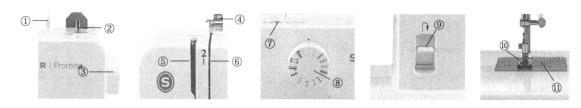

图6-3　家用缝纫机部位分析

① 线轮珠柱：把缝纫时所需要的小线轴直接放到上面即可。

② 自动绕线器：按照图解步骤穿好线，将梭芯卡在绕线器上，然后顺时针缠上几圈线，这样可以起

到固定的作用，踩住脚踏板即可自动绕线。

③ 手轮：使用手轮可方便抬针或落针。

④ 挑线杆：缝纫穿面线时按照图解数字提示的操作顺序，直接挂到挑线杆的钩子上，否则会严重影响缝纫工作。

⑤ 夹线器：在穿面线的时候，夹线器是必须经过的，并且在如图6-3所示进行到这一步的时候，缝纫机的压脚必须抬起，否则会影响缝纫。

⑥ 绕线夹线器：绕梭芯线（底线）的时候必须经过此处，否则会影响缝纫。

⑦ 画线调节按钮：根据缝纫面料的薄厚等因素，可将此按钮左右微调，以得到最佳缝纫效果为准。

⑧ 花样调节转盘：旋转调节此按钮可自由选择喜欢的线迹。

⑨ 倒缝按钮：在缝合面料的开头或结尾需要用到此按钮，按住此按钮不松手可实现倒回针缝纫，用来加固面。

⑩ 压脚：只需要轻轻一按便可实现快速装货或快卸压脚。

⑪ 金属针板：皮实耐磨。

2.家用平缝机练习

日常家用平缝机具体的练习步骤如下。

① 身体挺胸坐直，坐凳不宜太高或太低。

② 用右脚放在脚踏板上，右膝靠在膝控压脚（抬缝纫机压脚用）的碰块上，练习抬、放压脚，以熟练掌握为准。

③ 稳机练习（不安装机针、不穿引缝线）做起步、慢速、中速、停机的重复练习，起步时要缓慢用力（切勿用力过大），停机时应当迅速准确，以练习慢、中速为主，反复进行练习，以熟练掌握为准。

④ 缝制机倒顺送料练习，用二层纸或一层厚纸，作起缝、打倒顺针练习，以熟练掌握为准。

3.服装缝制时的操作要点

① 在缝合衣片无特殊要求的情况下，机缝压脚一般都要保持上下松紧一致，原因是下层面料受到送布的直接推送作用走得较快（受到外界阻力较小），而上层面料受到压脚的阻力和送布间接推送等因素而走得较慢。这就会导致衣片在缝合完成之后，上层面料余留缝份缝料较长，而下层面料余留缝料较短；或上下衣片缝合之后缝份部位产生松紧邹缩这一现象。因此，应当针对这一机缝特点，采取相应必要且可行的解决办法。解决措施是在进行衣片缝合时要注意正确的手势，左手向前稍推送衣片面料，右手将下层面料稍稍拉紧。有的缝位过小不宜用手拉紧，可借助钻车或钳工来控制松紧。这样才能使上下衣片始终保持着松紧一致，不起涟形，不起松紧皱缩现象。

② 机缝夏季薄面料时，起落针根据需要可缉倒顺针，机缝断线一般可以重叠接线，但倒针交接不能出现双轨。

③ 在准备各种机缝裁片的时候，裁片缝份要留足，不宜有虚缝。

④ 在进行卷边缝的时候，压止口及各种包缝的缉线也应当注意上下层松紧一致，倘若裁片缝合时上下层错位，就会形成斜纹涟形，从而影响美观。

4.使用平缝机时的注意事项

① 上机前进行安全操作和用电安全常识学习。

② 工作中机器出现异常声音时，要立即停止工作，及时进行处理。

③ 面线穿入机针孔后机器不空转，以免轧线。

④ 电动缝纫机，要做到用时开，工作结束或离开机器要关。

⑤ 工作中手和机针要保持一定距离以免造成机针扎伤手指和意外事故。

（二）服装基础缝制的提前准备

1.缝纫针、线的选用

机针的常用型号规格为9号、11号、14号、16号、18号。机针规格越小代表这个机针的针头就越细；规格越大就代表这个机针的针头越粗。缝料越厚越硬挺，机针的选择也就越粗；缝料越薄越软，针的选择也就越细。缝纫线的选择应当与缝纫针的选择一致。

2.针迹、针距的调节

面料针迹的清晰、整齐情况以及针距的密度等，都是衡量缝纫质量的重要标准。针迹的调节由缝纫机机身上的调节装置控制。将改调节器向左旋转针迹变长，往右旋转针迹变短（密），针迹的合理调节也必须是按衣料的厚薄、松紧、软硬等合理控制。

在进行机缝前应当先将针距调节好。缝纫针距要适当，针距过大（稀）影响美观性，而且还影响缝纫牢度。针距过小（密）同样也影响美观，而且易损伤衣料，从而影响缝纫牢度。根据经验，薄料、精纺料3cm长度控制在14～18针，厚料、粗纺料3cm长度控制在8～12针左右。

二、手缝简介

手缝即手工缝制。手工缝制服装的历史较为悠久，在工业革命以前，服装的制作基本上都是采取手工缝制完成。随着工业革命的完成，大机器工业生产的服装由于成本低、款式丰富、单件服装生产周期短等优势因素，在很短的时间里，这类大机械生产的服装纷纷涌入平常百姓家中，这极大地冲击了手工纺织业。

由于手工缝制服装成本较高的内在特点，因此只适用于较高端的服装中，或者在缝制服装的过程中，出现很多机械完成不了的特殊部位，因此这些部位仍然采取手缝的办法完成。

如今手缝主要是解决特殊部位的固定、控制、定型等问题而采取的缝制办法。

针法种类众多，但是在生活中真正常用的针法较少，因此简要介绍下日常生活中常用的一些针法。

1.绗针

绗针特指将针由右向左进行缝制，间隔一定的距离所构成的线迹，依次向前运针。此种针法多用于手工缝纫或装饰点缀，如图6-4所示。

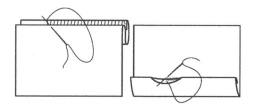
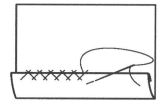

图6-4　绗针　　　　图6-5　明缲针、暗缲针　　　　图6-6　三角针

2.缲（qiao）针

缲针可分为明缲针和暗缲针这两种针法。

（1）明缲针

明缲针即缝合线迹略露在外面的针法，其主要用于中西式服装的底布、袖口、袖窿、膝盖等部位。缝线松紧适中，针距控制在0.3cm左右。如图6-5所示。

（2）暗缲针

暗缲针即针线在底边缝口内的针法。此种针法多用于西服夹里的底边、袖口绲条贴边等。衣片正面只能缲牢1根或两根纱线，且不可有明显针迹。此种针法缝线可略松，针距控制在0.5cm左右。如图6-5所示。

3.三角针

三角针的针法路径呈三角状，内外交叉、自左向右倒退缝制，将面料依次用平针绷牢。此种针法的具体要求是正面不露出针迹，线迹不可过紧。三角针法多用于拷边后的贴边、裤子的下摆等部位。如图6-6所示。

4.拉线襻

拉线襻用于衣领下角、裤子下摆等部位。其主要作用是为了限制面料与里料的活动范围。如图6-7所示。

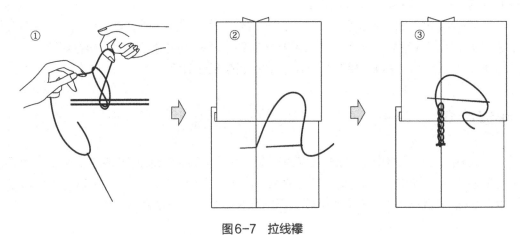

图6-7　拉线襻

5.钉扣

钉扣可分为钉实用扣和钉装饰扣两种。

（1）钉实用扣

可先将纽扣用线缝住，然后从面料的正面起针，也可以直接从面料的正面起针，穿过扣眼，注意缝线底脚要小，面料与纽扣间要保持适当距离，线要放松，不可紧绷。具体操作步骤可参考图6-8所示。

（2）钉装饰扣

装饰纽扣一般只需要平服地纽扣钉在衣服上即可。

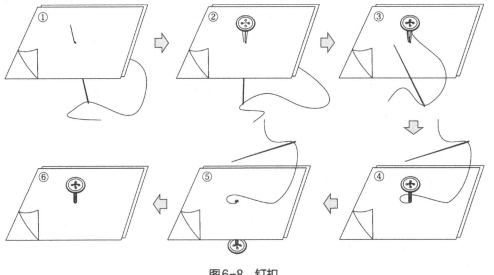

图6-8　钉扣

三、服装基本缝型介绍

1.平缝

平缝是指把两层衣片正面相叠，沿着所留缝头进行缝合，一般缝头宽为0.8～1.2cm。若将缝份导向一边则称之为倒缝；若将缝份劈开烫平则称之为分开缝，如图6-9所示。

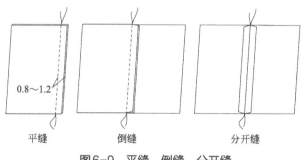

图6-9　平缝、倒缝、分开缝

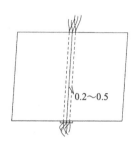

图6-10　分缉缝

2.分缉缝

分缉缝是指两层衣片平缝后分缝，在衣片正面两边各压缉一道明线。用于衣片拼接部位的装饰和加固作用。如图6-10所示。

3.搭接缝

搭接缝是指两层衣片缝头相搭1cm，居中缉一道线，使缝子平薄、不起梗。用于衬布和某些需拼接又不能显露在外面的部位。如图6-11所示。

4.压缉缝

压缉缝是指上层衣片缝口折光，盖住下层衣片缝头或对准下层衣片应缝的位置，正面压缉一道明线，用于装袖衩、袖克夫、领头、裤腰、贴袋或拼接等。如图6-12所示。

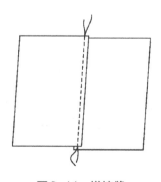

图6-11　搭接缝

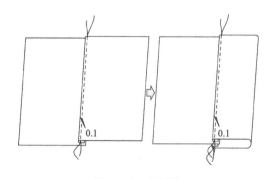

图6-12　压缉缝

5.贴边缝

贴边缝是指衣片反面朝上，把缝头折光后再折转一定要求的宽度，沿贴边的边缘缉0.1cm清止口。注意上下层松紧一致，防止起涟形。如图6-13所示。

6.来去缝

来去缝是指两层衣片反面相叠，平缝0.1cm缝头后把毛丝修剪整齐，翻转后正面相叠合，缉0.3cm，把第一道毛缝包在里面。用于薄料衬衫、衬裤等。如图6-14所示。

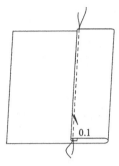

图6-13 贴边缝

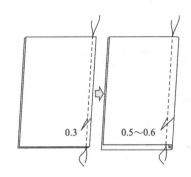

图6-14 来去缝

7.明包缝

明包缝呈双线。两层衣片反面相叠，下层衣片缝头放出0.3cm包转，再把包缝向上层正面坐倒，缉0.1cm清止口。用于男两用衫夹克衫等。如图6-15所示。

8.暗包缝

暗包缝呈单线。两层衣片正面相叠，下层放边0.3cm缝头，包转上层，缉0.1cm止口，再把包缝向上层衣片反面坐倒。用于夹克衫等。如图6-16所示。

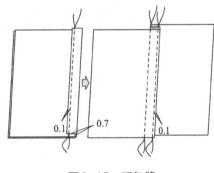

图6-15 明包缝

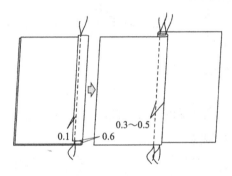

图6-16 暗包缝

四、熨烫工艺介绍

熨烫工艺属于缝制工艺中最尤为重要的组成部分之一。从服装原始裁片的缝制，到最终成品的完善整理，都离不开熨烫工艺，尤其在做高级服装的时候更是如此。服装行业常用三分做、七分烫来形容熨烫工艺对于整件服装在缝制全过程中的地位及作用的重要性，可见熨烫工艺是一门很深的学问。

（一）熨烫工艺的作用

熨烫工艺的作用如下。

① 原料预缩、熨烫折痕：为排料、裁剪机缝创造条件。

② 给服装塑形：通过推、归、拔等工艺技巧所做出需要的立体造型。

③ 定型、整形：可分为两种。第一种为压分、扣定型。在缝制的过程中，衣片的许多部位需要按照特定工艺进行平分、折扣、压实等熨烫工艺操作。第二种为成品整形。通过整烫工艺使得成品服装达到美观、适体的外观造型。

④ 修正弊病：利用织物自身的膨胀、收缩等物理性能，通过熨斗的喷雾、喷水熨烫来修正服装在缝制过程中产生的弊病。缝迹线条不直或面料的某部位织物松弛形成"酒窝"等不良部位均可以使用熨烫工艺进行解决。

（二）家用熨烫工具准备

家用熨斗可分为两类：电熨斗、挂烫熨斗。

1.电熨斗

电熨斗是市场上最为常见的熨烫工具。日常生活中所选用的熨斗有300W、500W、700W的区别。功率较小的电熨斗适用于熨烫轻薄型的面料服装，功率较大的可用来熨烫面料较厚的服装。注意：在熨烫之前一定要考虑所需熨烫服装面料的温度适应情况，如果熨烫温度控制不当就会很容易发生烫坏服装的可能。如图6-17所示。

2.挂烫熨斗

挂烫机的工作原理是经过加热水箱里面的水，由此产生具有一定压力的高温蒸汽，然后通过软管引出，直接喷向挂好的衣物，使该衣物纤维得到软化，便可将衣物上的褶皱消失处理掉，最终促使衣物更加的平整美观。如图6-18所示。

挂烫熨斗使用时需注意以下几点。

① 因为挂烫机能够很好地控制衣物熨烫时所需要的温度，因此很适合用来熨烫一些不能被高温熨烫的真丝等高档面料所制成的衣物。

② 由于挂烫机是可以挂在熨烫衣物的，因此还可以用来熨烫和消毒地毯、窗帘等常用织物。

③ 挂烫机应当在使用之前先要预热一分钟左右，然后等水箱里面的水温到达一定程度后使用，效果才最佳。

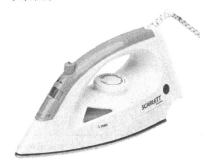
图6-17　电熨斗

图6-18　挂烫熨斗

图6-19　烫布

电熨斗与挂烫机的区别如下。

① 经过研究表明，长时间使用电熨斗经过平板熨烫的衣服，容易导致衣物上的纤维织物发硬、老化，从而损伤衣物的使用寿命。

② 电熨斗是直接与衣物接触的，因此很容易弄脏衣物。而挂烫机是通过喷洒蒸汽从而软化织物达到最佳的熨烫效果，因此其与织物间存在一定的空隙量，所以弄脏织物的可能性较小，并且通过喷洒高温蒸汽还可以起到杀菌消毒的作用。

3.烫布

烫布是用白棉布去浆后制成，也称水布。如图6-19所示。

第二节　直筒裤的缝制工艺

一、直筒裤的款式介绍

直筒裤实际上属于锥形结构，它的形状轮廓是以人体结构和体表外形为依据而设计的，其结构设计方

法较多。直筒裤属适身形，它的特点是适身合体，裤的腰部紧贴人体，腿部、臀部稍松，穿着后外形挺拔美观。本款直筒裤裤腰为装腰形直裤腰，前裤片腰口左右反折裥各两个，前袋的袋型为侧缝直袋，后裤片腰口收省各两个，前中心线开口处绱拉链，如图6-20所示。

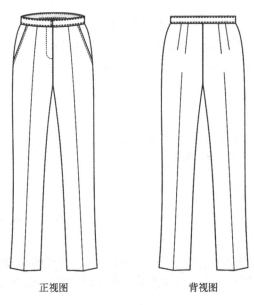

正视图　　　　　　　　背视图

图6-20　直筒裤款式图

二、直筒裤的成品规格

直筒裤成品规格见表6-1。

表6-1　直筒裤成品规格　　　　　　　　　　　　单位：cm

名称	裤长	腰围	臀围	裤口	立裆	腰头宽
规格	102	70	96	39	26	3.5

三、直筒裤的部件及辅料介绍

（一）直筒裤裁片部件

直筒裤裁片部件见表6-2。

表6-2　直筒裤裁片部件

名称	前片	后片	裤腰	门襟	底襟	袋布	垫袋
规格	2	2	1	1	1	2	2

（二）直筒裤其他辅料

① 腰衬（布衬）：用于裤腰部位。

② 黏合衬（纸衬）：用于门襟、底襟。

③ 拉链：一根长18～20cm拉链。

④ 钩襻：一对钩襻，用于裤腰头。

四、直筒裤样板的缝份加放及工业样板

（一）直筒裤结构图

直筒裤结构图如图6-21所示。

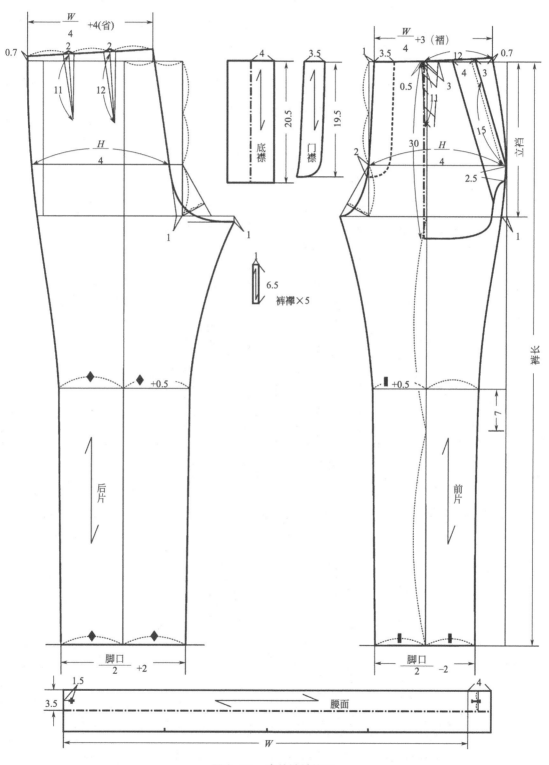

图6-21 直筒裤结构图

（二）直筒裤样板缝份的加放

直筒裤样板缝份的加放如图6-22所示。

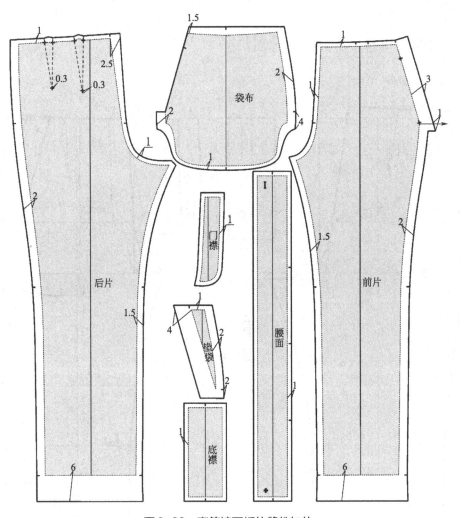

图6-22　直筒裤面板的缝份加放

本款裤子样板的缝份加放量较大，原因是便于裤子缝制完成后，在试穿的过程中，可将不良部位的缝份拆卸进行裤片的样板修正。一般工业生产中的成衣裤片缝份均为1cm（样板定型后）缝份。如图6-23所示。

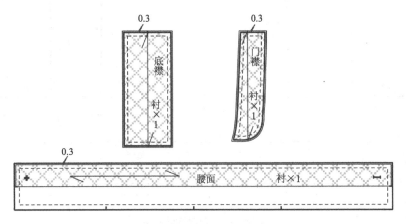

图6-23　直筒裤衬板缝份加放

（三）直筒裤工业样板

直筒裤的工业样板如图6-24、图6-25所示。

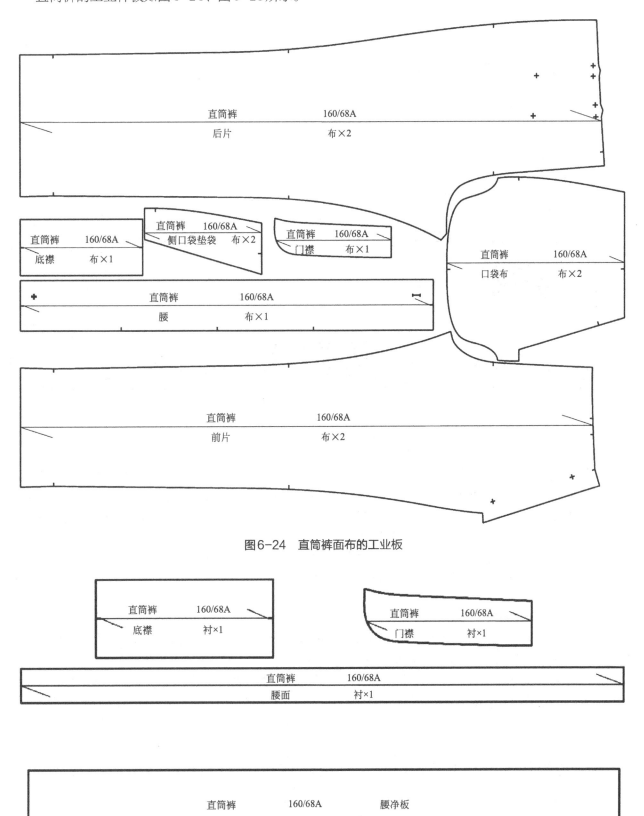

图6-24 直筒裤面布的工业板

图6-25 直筒裤衬料工业板、腰头净板（扣烫用）

直筒裤面板的排料如图6-26所示。

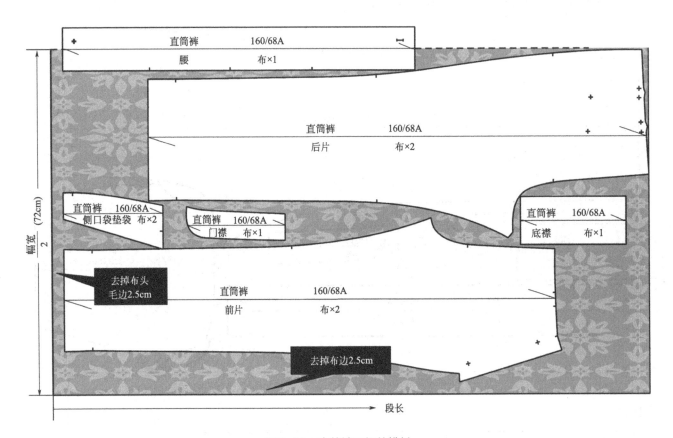

图6-26　直筒裤面板的排料

市面上常见面料的幅宽为144cm。因此在排料的时候，将面料幅宽对折，通常这样做有利于节省面料。本款裤子面料在排料的时候，笔者曾多次试图将该面料幅宽对折进行排料实验，但是发现幅宽对折后为72cm的时候，样板放不下，或者只有大量增加段长才可以排得下，但是这样做特别废料，因此不可取，所以本款面料幅宽在不对折的情况下，排料效果最佳，最为节省面料。

此种排料的效果仅适宜单件服装制作，因太过浪费面料而不宜工业化大批量生产。

口袋袋布一般与裤子的本布不同，通常采用涤棉布，因此，在排料的过程中并没有将袋布放在面布的排料图中。

排料时注意事项如下。

① 在排料的时候，样板应当与面料边缘保持一定距离，一般取2.5cm左右，因为通常面料边缘存在着"针眼""泡泡皱""起毛"等一些问题。

② 通常在市面上买回来的布料，布头边缘都会存在着毛边、不平整等一些现象，因此，在面料排料的时候也应当注意这个问题，最好是裁片至布头边留有一定的量，量的大小可根据布头边缘平整程度而定。

五、直筒裤的缝制工艺要求

① 腰头的宽窄平顺一致，绱腰头时严格按照既定工艺要求，缝制完成后线头不可外露。

② 拉链、口袋的缝制应当严格按照既定的工艺要求，细心并有耐心地缝制。

③ 缝制完成后，需将裤子熨烫平整，在熨烫的过程中，不可将面料烫黄、烫焦。

六、直筒裤的缝制工艺流程

拓裁片→裁片侧缝锁边→贴黏合衬→做口袋→缝合腰省→缝合侧缝、袋布→缝合下裆缝、缲缝裤口→熨烫迹线（挺缝线）→缝合门襟、底襟→缝合前后裆弧线（前浪、后浪）→绱拉链→绱腰头→钉钩襻→整烫。

七、直筒裤的缝制工艺

1.拓裁片

先将已裁剪好的样板平铺在面料上（注意纱向准确），然后用划粉，沿着样板的边缘线在面料上将样板完整地描画下来，描完之后要仔细检查，查看对位点是否遗漏，如有遗漏可马上补上，以免影响后面的缝制工序。如图6-27所示。

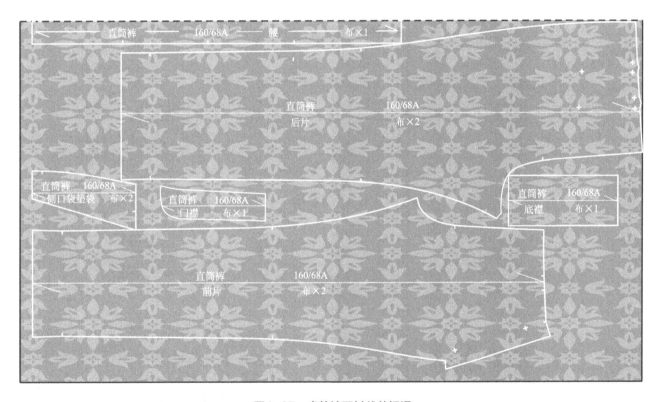

图6-27　直筒裤面料裁剪标记

2.裁片侧缝锁边

将裁剪好的裁片进行锁边，以防止在缝制的过程中存在脱丝现象，同样也有利于接下来更好地开展缝制工序。如图6-28所示。

3.贴黏合衬

将已裁剪好裁片的拉链、后开衩、腰头部位贴上黏合衬。注意：门襟、底襟可贴纸衬黏合衬，腰头由于经常受到拉扯，为了增强其强度，故可采用布衬。见图6-28。

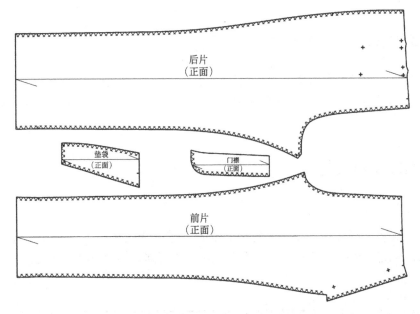

图6-28　直筒裤裁片侧缝、前中、后中锁边

4.做口袋

做口袋具体步骤如图6-29所示。

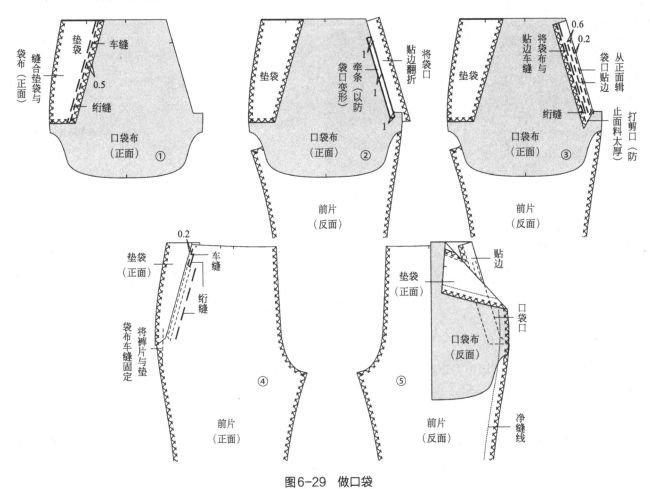

图6-29　做口袋

5.缝合省道

将裤子的前、后片省道进行缝合，如图6-30所示。

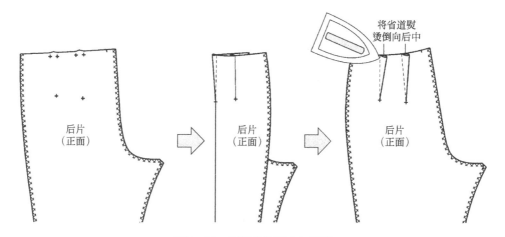

图6-30 裤子省的缝合与处理

6.缝合侧缝、袋布

将裁片侧缝分开熨烫压平，如图6-31所示。

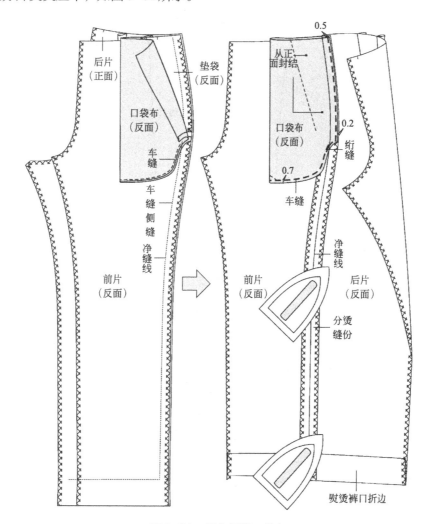

图6-31 缝合侧缝、袋布

7.缝合下裆缝、缲缝裤口

将裤口进行锁边，然后手工绗缝固定，最后进行缲缝处理，如图6-32所示。

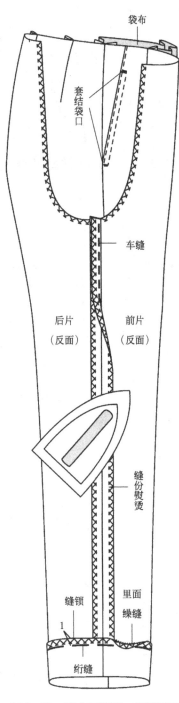

图6-32　缝合下裆缝、缲缝裤口

8.熨烫迹线（挺缝线）

将烫迹线熨烫平整，如图6-33所示。

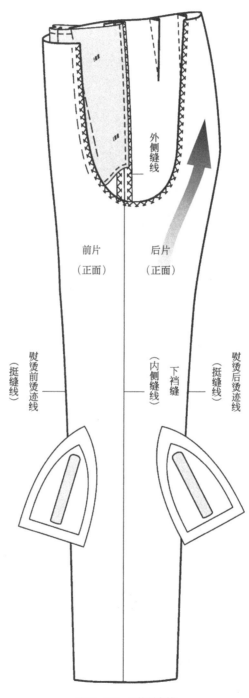

外侧缝线

前片
（正面）

后片
（正面）

熨烫前烫迹线
（挺缝线）

下裆缝
（内侧缝线）

熨烫后烫迹线
（挺缝线）

图6-33　熨烫迹线

9.缝合门襟

先手工将门襟绗缝固定在前浪特定位置，然后进行车缝处理，如图6-34所示。

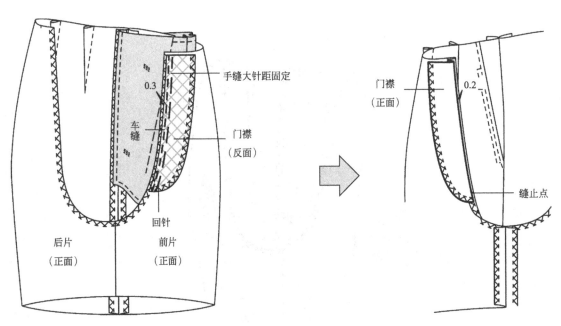

图6-34　缝合门襟、底襟

10.缝合前后裆弧线（前浪、后浪）

先将前、后浪特定位置进行车缝固定，然后将下裆缝份、前后裆缝份分别分开熨烫压平。注意：由于这个部位比较特殊，放在水平桌面上不宜烫平，因此可将所需熨烫的部位下方放置一个弧形填充物以辅助熨烫，如图6-35所示。

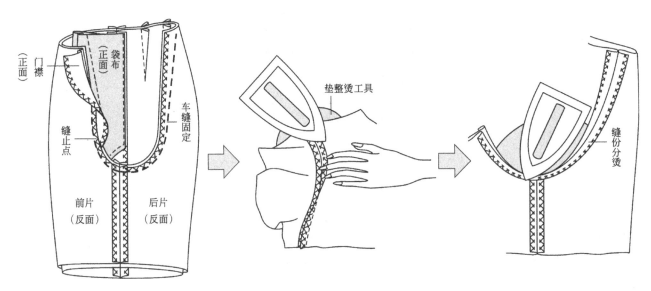

图6-35　缝合前后裆弧线

11.绱底襟、拉链

将以装备好的底襟缝制于前片门襟对应部位，然后将拉链缝制于底襟上面。具体的步骤及方法如图6-36所示。

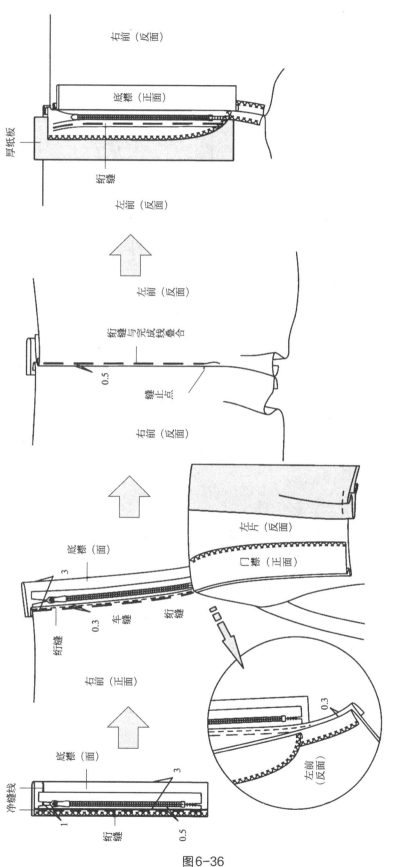

图6-36

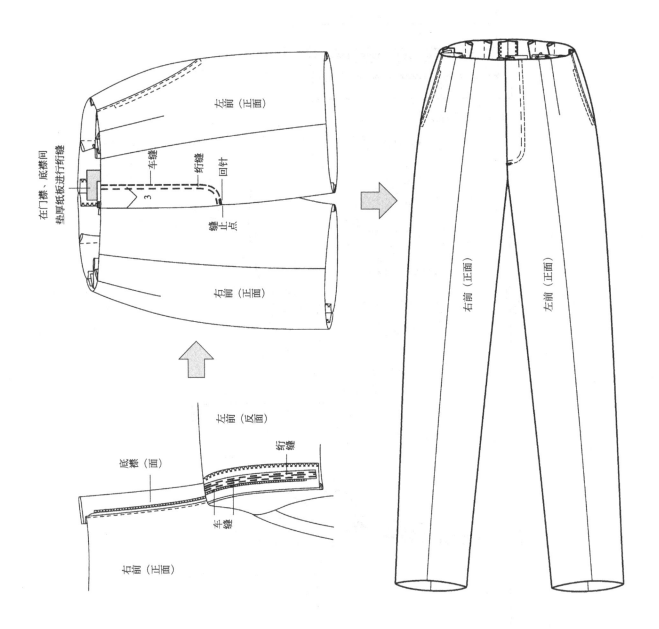

图6-36 绱拉链

12.绱腰头

具体的步骤及方法，如图6-37所示。

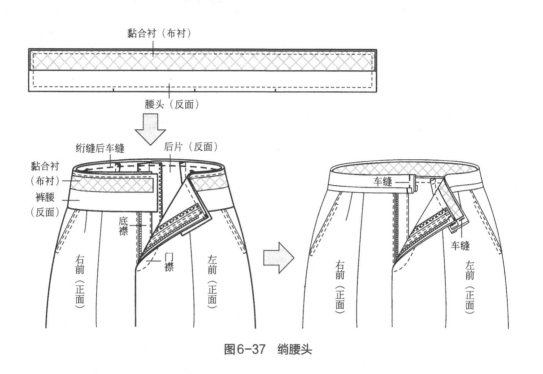

图6-37　绱腰头

13.钉钩襻

将已经准备好的钩襻部件分别缝制在腰头相应的部位，如图6-38所示。

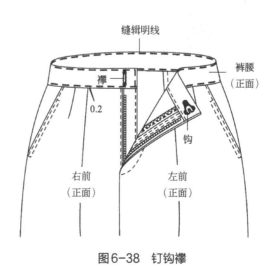

图6-38　钉钩襻

14.整烫

将缝制完成后的直筒裤进行整体熨烫定型，如图6-39所示。

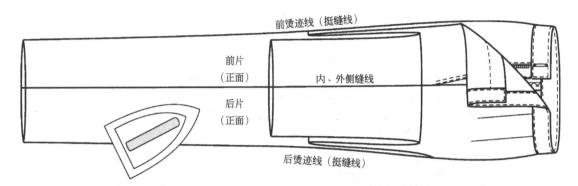

前烫迹线（挺缝线）

前片
（正面）

内、外侧缝线

后片
（正面）

后烫迹线（挺缝线）

图6-39 整烫

****

做个手巧的女人最美丽

****

[1] 王鸣. 中国服装史 [M]. 上海. 上海交通大学出版社，2013.

[2] [日]中泽愈. 人体与服装 [M]. 袁观洛译. 北京：中国纺织出版社，2003.

[3] [日]三吉满智子. 服装造型学理论篇 [M]. 郑嵘，张浩，韩洁羽，译. 北京：中国纺织出版社，2006.

[4] [日]中屋典子，三吉满智子. 服装造型学技术篇 I [M]. 孙兆全，刘美华，金鲜英，译. 北京：中国纺织出版社，2004.

[5] [日]中屋典子，三吉满智子. 服装造型学技术篇 II [M]. 孙兆全，刘美华，金鲜英，译. 北京：中国纺织出版社，2004.

[6] [日]文化服装学院. 服装造型讲座② —裙子·裤子 [M]. 张祖芳等译. 上海：东华大学出版社，2006.

[7] [日]登丽美服装学院. 登丽美式造型·工艺设计①基础篇（上）[M]. 祝煜明，黄国芬，张怀珠，袁飞，译. 上海：东华大学出版社，2006.

[8] [日]登丽美服装学院. 登丽美式造型·工艺设计②基础篇（上）[M]. 祝煜明，黄国芬，张怀珠，袁飞，译. 上海：东华大学出版社，2006.

[9] 20世纪70年代：叛逆释放自我的过渡时代. 凤凰时尚网. http://fashion. ifeng. com/photo/life/detail_2009_08/19/165891_0. shtml.

[10] 侯东昱. 女下装结构设计原理与应用 [M]. 北京：化学工业出版社，2014.

[11] 侯东昱. 女装成衣结构设计·下装篇 [M]. 上海：东华大学出版社，2012.

[12] 冯泽民，刘海清. 中西服装发展史 [M]. 北京：中国纺织出版社，2008.

[13] 袁仄，胡月. 百年衣裳—20世纪中国服装流变 [M]. 北京：生活·读书·新知三联书店出版社，2010.

[14] 侯东昱，仇满亮，任红霞. 女装成衣工艺 [M]. 上海：东华大学出版社，2010.

[15] 熊能. 世界经典服装设计与纸样（女装篇）[M]. 南昌：江西美术出版社，2009.

[16] 余国兴. 服装工艺基础 [M]. 上海：东华大学出版社，2011.

[17] 素材中国网 http://www. sccnn. com/.

[18] 20世纪欧洲服装 http://www. catwalkyourself. com/zh-hans/.

[19] 裤子的前世今生. 荣衣西服网.
     http://www. xifuwang. com. cn/a/xinwenzixun/xingyexinwen/2015/0615/353. html.

[20] 百年服饰变更. 豆丁网的文章.
     http://www. docin. com/touch_new/preview_new. do?id=869213568.

[21] 海报网资源 http://www. haibao. com.